Verena
Weig

Blindes Vertrauen

Führhundausbildung mit Herz

© 2024 KYNOS VERLAG Dr. Dieter Fleig GmbH
Konrad-Zuse-Straße 3, D-54552 Nerdlen / Daun
Telefon: 06592 957389-0
www.kynos-verlag.de

Grafik & Layout: Kynos Verlag
Gedruckt in Lettland

ISBN 978-3-95464-310-3

Bildnachweis:

Adobe Stock: S. 140: Lorenzo_Ferrucci/stock.adobe.com, S. 145: thomsond/stock.adobe.com, S. 197: Drazen/stock.adobe.com
Bundesarchiv: S. 12, 15
Hares, Michaela: S. 23, 40, 42, 44, 47, 49, 51, 52, 64
Kaltenberg, Michael: S. 93
Minucci, Laura: S. 11, 20, 22, 24, 26, 36, 43, 45, 68, 80, 91, 94, 98, 100, 103, 106, 110, 111, 112, 115, 116, 118, 121, 127, 128, 131, 190, 198, 211, Titelbild
Weig, Verena: S. 146, 163
Hundegrafiken: sabri deniz kizil/fotolia

KYNOS STIFTUNG

Mit dem Kauf dieses Buches unterstützen Sie die
Kynos Stiftung Hunde helfen Menschen
www.kynos-stiftung.de

Inhaltsverzeichnis

Einleitung

Wenn man mich als Kind fragte, was ich später einmal werden möchte, war meine Antwort: Bäuerin. Nun bin ich zwar keine Bäuerin geworden, sondern dafür Blindenführhundtrainerin – und das mit voller Leidenschaft und ganzem Herzblut. Dafür brenne ich jeden Tag aufs Neue.

Ich wusste schon seit meiner Kindheit, dass ich später mit Tieren arbeiten möchte. Meine große Liebe galt vor allem den Hunden und Pferden. Ich besuchte als Kind regelmäßig das Tierheim und führte dort Hunde aus. Eine besondere Hundedame wuchs mir sehr ans Herz – Susi, ein Dackelmix mit krummen Beinen, schwarz-weißem Fell und den süßesten Schlappohren der Welt. Wenn ich an sie denke, zaubert es automatisch ein Lächeln in mein Gesicht, so wie gerade jetzt in diesem Moment. Susi, ich danke dir so sehr für diese schöne Kindheitserinnerung mit dir!

Allerdings hatten meine Eltern da eine andere Idee für mich und waren nicht sehr begeistert. „Lern erst mal was Richtiges und danach kannst du ja immer noch was mit Tieren machen," war die Antwort. Aber was ist schon richtig oder falsch? Aber gut, damals beschloss ich, auf meine Eltern zu hören und begann eine Ausbildung als Medizinische Fachangestellte. Freude hat es mir allerdings nie richtig bereitet, da ich es mir immer noch nicht aus dem Kopf geschlagen hatte, mit Hunden oder Pferden zu arbeiten.

Und da das Leben immer Recht hat, begann das Universum für mich zu arbeiten. Meine Mutter und ich besuchten mit unserem damaligen Hund einen Junghundekurs in einer der größten Blindenführhundschulen Deutschlands. Eine Trainerin dieser Schule ging in den Mutterschutz und ich wurde vom Chef höchstpersönlich gefragt, ob ich mir vorstellen könnte dort zu arbeiten, da er einen Nachfolger oder Nachfolgerin für seine Mitarbeiterin bräuchte. So kam ich zu den Blindenführhunden.

Ich möchte hier vor allem der Blindenführhundschule Seitle danken – ich wäre ohne sie heute nicht dort, wo ich jetzt bin. Ich habe so viele Erfahrungen sammeln dürfen und vor allem habe ich dort das Blindenführhundtraining erlernt. So viele Hunde, sehbeeinträchtigte und blinde Menschen durfte ich dort begleiten und trainieren, das ist unbezahlbar für mich. Vielen Dank, Wolfgang und Maria.

2011 entschloss ich mich dazu, meine eigene Hundeschule zu eröffnen und bildete freiberuflich Blindenführhunde für eine Schule aus.

Und dann kam Viviane Theby, die meine Trainingswelt komplett auf den Kopf stellte. Ich weiß noch ganz genau, was ich dachte, als ich 2016 das erste Mal am Scheuerhof war und diese großartige Trainerin kennenlernen durfte. „Ich weiß ja gar nichts," waren damals meine Gedanken. Ich dachte, nach all meiner langjährigen Erfahrung als Blindenführhundtrainerin wüsste ich, wie Training funktioniert. Nein, wusste ich eben nicht – das war bitter und tat weh. Ab diesem Moment begann ein Wandel in meinem Leben und in meinem Training. Ich besuchte alle Fortbildungen bei Viviane, begann die Hundetrainerausbildung am Scheuerhof, belegte alle Hühnermodule und fragte Michaela Hares Löcher in den Bauch, weil ich alles, aber wirklich alles über die Lerntheorie erfahren wollte. Von ihr durfte ich ebenfalls viel lernen – vor allem, Ruhe zu bewahren. Und dann gibt es noch die liebe Lisa: für mich ist sie die gute Seele des Scheuerhofs. Lisa und Michaela haben übrigens schon einen Ausbildungshund von mir großgezogen.

Ich wurde also Top Trainerin der Tierakademie Scheuerhof und begann an mir und an meinem Training zu arbeiten – und ich bin noch lange nicht fertig damit. 2018 entschloss ich mich, meinen eigenen Weg im Blindenführhundwesen zu gehen. 2019 habe ich die Blindenführhundtrainerausbildung über positive Verstärkung ins Leben gerufen. Mittlerweile habe ich das große Glück, mit großartigen Trainerinnen, die die Ausbildung bei mir durchlaufen haben, Blindenführhunde auszubilden. Ich bin immer auf der Suche nach guten Trainern, die sich für die Ausbildung zum Blindenführhundtrainer interessieren, denn Deutschland braucht noch mehr gute Blindenführhundtrainer.

Neben dem Job als Blindenführhundtrainerin bin ich auch noch als Lebenscoach tätig und habe dazu meine Ausbildung 2022 bei Veit Lindau absolviert.

Mit diesem Buch möchte ich dir Einblicke in mein Training gewähren, das Training über positive Verstärkung im Blindenführhundwesen näherbringen und vor allem Aufklärungsarbeit leisten, was das falsch publizierte Bild vom „Hilfsmittel Blindenführhund" angeht. Ich möchte Trainer motivieren, die sich für den Job als Blindenführhundtrainer interessieren, sich mehr mit dem Führhundwesen zu beschäftigen und ich möchte all die Menschen erreichen, die etwas im Führhundwesen zu sagen haben oder meinen, es zu haben.

Mit diesem Buch möchte ich all meine Erfahrung mit dir teilen und dich ein Stück in die Welt der Blindenführhunde mitnehmen. Ich möchte meiner Traurigkeit Ausdruck verleihen, weil noch so viel getan werden muss, um das Tierwohl und Menschenwohl zu schützen. Vor allem möchte ich all den Assistenzhunden und Blindenführhunden da draußen meine Stimme geben, denn es geschieht leider immer noch so viel Missbrauch an den Hunden. Ich möchte vor allem erreichen, dass dem Hund mehr Verständnis mehr Empathie und mehr Wohlwollen entgegengebracht wird. Diese Wesen haben Achtsamkeit, Wertschätzung und Liebe verdient.

Betonen möchte ich noch, dass der Blindenführhund seit Dezember 2022 vom Bundesministerium für Arbeit und Soziales als Assistenzhund eingestuft wurde und dies auch in der neuen Assistenzhundeverordnung so verankert ist – ich schreibe hier im Buch allerdings bewusst „Blindenführhund" und nicht Assistenzhund.

Ich wünsche dir viel Freude und ganz viele Erkenntnisse mit diesem Buch.

Verena Weig

1. Blindenführhunde damals und heute

Blindenführhunde gibt es wohl schon sehr lange. Der erste Hinweis darauf ist auf den Überresten eines Wandgemäldes des antiken Herculaneum aus dem ersten Jahrhundert nach Christus zu sehen. Dort ist ein blinder Bettler mit seinem Hund dargestellt. Ob es sich wirklich um einen Blindenführhund in unserem Sinne gehandelt hat, wissen wir natürlich nicht genau, aber man kann vermuten, dass blinde Menschen sich schon damals die Hilfe von Hunden zunutze gemacht haben.

Das offizielle, also organisierte Blindenführhundewesen hierzulande war eher ein Beiprodukt des Ersten Weltkriegs, um die vielen nach Gasangriffen kriegsversehrten Blinden zu versorgen. Entsprechend „militärgeprägt" war die Ausbildung. Die erste offizielle Führhundschule wurde 1916 in Oldenburg von dem Verleger Heinrich Stalling gegründet, der sich nebenberuflich sehr in der Blindenfürsorge engagierte. Dort wurden die Hunde nach zeitgenössischen Maßstäben systematisch ausgebildet und an erblindete Soldaten übergeben.

Um hier die Ausbildungsdauer zu verkürzen, wurden die Hunde meist über positive Strafe (etwas Unangenehmes wird hinzugefügt) ausgebildet und ihnen das Lernpensum sozusagen mit Schlägen eingebläut. Das hatte zur Folge, dass auch schon damals mit solch einer Ausbildungsmethode die völlig verängstigten Hunde bei ihrem neuen Menschen versagten und das vermeintlich erlernte Verhalten schnell in sich zusammenbrach. Das kommt mir bekannt vor, denn auch heute noch werden leider viele Blindenführhunde über positive Strafe ausgebildet.

Falls du mehr über die spannende Geschichte der Blindenführhunde erfahren möchtest, hat hierzu der Verein „Lichtblicke" auf seiner Website **www.lichtblicke-verein.de** einen schönen Überblick über die genauere Historie zusammengestellt.

Es mussten also bessere Ausbildungsmethoden her. Deshalb entstand im damaligen nationalsozialistischen Deutschland der sogenannte „Führwagen", erforscht und entwickelt von dem Biologen und Philosophen Jakob von Uexküll. Dieser Führwagen war ein Rahmengestell auf Rädern, in das der Hund eingespannt wurde. Der Rahmen soll die Breite eines Führgespanns (Hund und Mensch) und eine dazugehörige Stange die Größe eines Menschen simulieren. Ich finde das sehr spannend und gleichzeitig auch sehr erschreckend, denn bis vor einigen

Mit diesem Führwagen sollten die Blindenführhunde früher lernen, Hindernissen auszuweichen, weil sie sonst hängenblieben.

Jahren wurden angehende Blindenführhunde häufig immer noch so ausgebildet. Ich vermute sogar, dass es immer noch Schulen gibt, die mit solchen Wagen ausbilden.

Der Führwagen sollte zur damaligen Zeit das Ziel verfolgen, die sehr harte Ausbildung der Hunde zu verbessern, denn der Hund bekommt durch den Führwagen keine positive Strafe durch den Ausbilder, sondern die Strafe erfolgt quasi anonym und wird nicht direkt mit dem Ausbilder in Verbindung gebracht. Allerdings ist auch hier das Ausbildungsziel nicht erreicht worden, da die Hunde durch den Führwagen eine erhebliche Traumatisierung erlitten. Er konnte nicht nur erhebliche Verletzungen beim Hund verursachen, sondern auch noch eine erlernte Hilflosigkeit, die wiederum zur Angst und Unsicherheit führt. Hier wurde also auch wieder nur mit positiver Strafe (etwas Unangenehmes wird hinzugefügt) trainiert, – die positive Stafe kam nicht über den Trainer, sondern über den Führwagen nach dem Prinzip der anonymen, selbstinduzierten Strafe: Jedes Hängenbleiben an einem Höhenhindernis oder Engpass führt zu einem starken Strafreiz über den Führwagen. Unglaublich, was diese Tiere damals wie heute mitmachen mussten, und alles nur zum Wohle des Menschen!

1987 erschien das Buch „Der Blindenhund" von Walter Rupp mit dem Untertitel „Die neue Ausbildungsmethode". Ich selbst habe ein Exemplar zuhause und du kannst es dir sogar heute noch im Internet bestellen, falls es dich interessiert. Ich finde es mehr als spannend, mich mit der Geschichte bzw. früheren Ausbildungsmethoden der Blindenführhunde zu befassen. Ich finde viele Ausbildungsvarianten von Walter Rupp sehr wertvoll und hilfreich – und ich kann sie so modifizieren, dass ich sie über positive Verstärkung trainieren kann. Dieses Buch sollte laut Walter Rupp einen echten Durchbruch in der Ausbildung des Führhundes bringen. Diese „neue Ausbildungsmethode" erfolgt laut Buch konsequent durch Objektverknüpfung, speziell über das Geschirr. Ich denke, dass sich durch Walter Rupp vieles in der Ausbildung verbessert hat, dennoch wurde auch hier vorrangig über positive Strafe ausgebildet. So wurden zum Beispiel als Hilfsmittel Zughalsband, Wurfkette und ein Eisenring mit Schelle eingesetzt. Ebenso wurden Zusammenstöße mit Fahrzeugen simuliert und der Hund wurde bewusst durch einen gestellten Radfahrer angefahren. Oder ein Motorradfahrer streifte im Vorbeifahren den Hund mit dem Fuß, und gibt gleichzeitig Vollgas und fährt davon. Es kommt allerdings noch schlimmer: Ein Auto bremst kurz vor dem Hund ab, dann bleibt es stehen, fährt wieder an es wird die Beifahrertür geöffnet, um den Hund damit zu streifen. Oder ein Lastwagen fährt am Hund vorbei, in dem Moment wirft der Ausbilder eine Handvoll Kies gegen die Räder. Die Steine prallen ab und werden dem Hund entgegengeschleudert. Nach diesen „Unfällen" soll der Hund gelernt haben, die Straße vorsichtiger zu überqueren und vor sich nähernden Lastwagen zu warten.

Wer sich mit den Lerngesetzen auskennt, weiß schon genau, was die Nachteile sein könnten, wenn man so trainiert. Ich würde das allerdings noch nicht mal als Training betiteln, sondern eher als „den Hund in Angst und Schrecken versetzen", denn bei solchen Methoden kann es durchaus passieren, dass der Hund unsicherer im Straßenverkehr läuft, Straßen gar nicht mehr oder nur noch schräg überquert oder vor lauter Hilflosigkeit den Halter in Gefahrensituationen bringen kann.

Auch die Abgrundverweigerung (z. B. Bahngleise) oder die Rolltreppenverweigerung wurden mit dem sogenannten kräftigen Stopp-Einwirkung trainiert (Bügelstoß nach vorne bei gleichzeitigem Leinenzug nach hinten), um somit dem Hund bei Rolltreppen oder Abgründen etwas Unangenehmes zuzufügen, damit er diese in Zukunft meidet.

Auch ich habe in den Anfängen meines Blindenführhundtrainer-Daseins dieses Verhalten so trainiert, weil ich es eben auch nicht besser wusste. Die Folge war, dass die Hunde Rolltreppen oder Abgründe mit so unangenehmen Erfahrungen verknüpften, dass sie an Bahnhöfen massives Meideverhalten zeigten oder vor lauter Unsicherheit den Menschen in andere Gefahrensituationen brachten, z. B. Seitenhindernisse streiften oder nicht genügend Abstand zu Koffern hielten, nur damit sie weit genug vom Abgrund wegblieben. Das hatte zur Folge, dass der Führhundhalter über den Koffer stürzte und so weiter. Diese Art Training war also nicht nur für den Hund „nicht nett", sondern auch für den blinden Menschen kontraproduktiv.

Deshalb habe ich das Verhalten Abgrundverweigerung zum Anlass genommen, dir einen detaillierten Trainingsplan über positive Verstärkung zu erstellen. Du findest diesen Plan im Kapitel 5. Es geht zum Glück auch anders, wenn du weißt, wie es geht.

Blindenführhunde heute

Blindenführhunde gelten heute als Hilfsmittel zur Orientierung und Mobilität (O&M) und werden vom Arzt per Rezept verordnet. Der Blindenführhund wird in der Regel von der Krankenkasse finanziert. Seit Dezember 2022 gilt der Blindenführhund als Assistenzhund und ist in der neuen Assistenzhundeverordnung des Bundesministeriums für Arbeit und Soziales auch so verankert.

Einige Blindenführhundeschulen trainieren heute über die positive Verstärkung, allerdings immer noch nicht genügend. Es ist an der Zeit, hier eine Lanze zu brechen. Vor allem die alteingesessenen Führhundschulen halten immer noch an diesen veralteten Ausbildungsmethoden fest, mit der Begründung „Wir haben das schon immer so gemacht" oder weil sie der Meinung sind, dass die Ausbildung länger dauert, wenn sie über die positive Verstärkung erfolgt. Das stimmt nicht, ganz im Gegenteil! Es will hier einfach kein Umdenken stattfinden, es ist schließlich viel bequemer, in seinen alten Denkgewohnheiten zu bleiben oder vor lauter Konkurrenzdenken die „Neuen" nicht mitkommen lassen zu wollen. Es ist doch genug für alle da – und mal ehrlich, es geht doch hier um viel mehr als um jeden Einzelnen von uns. Meine Mission ist es, das Führhundwesen zu verbessern, gutes Training zu verbreiten ich gebe mein ganzes Wissen gerne weiter! Es geht darum, den Hunden eine faire, liebevolle Ausbildung mit viel Expertise bieten zu können, damit sie der Aufgabe „Blindenführhund" gerecht werden können. Und wenn ich einen Beitrag dazu leisten darf, umso besser.

Seit 2020 ist in Deutschland die sogenannte Präqualifizierung für Blindenführhundetrainer (s. S. 29) vorgeschrieben, ohne die man nicht selbständig Blindenführhunde ausbilden darf und die eine bessere Qualität der Ausblidung und der Hunde sichern soll. Die Präqualifizierung hat aber nicht nur Vorteile gebracht, sondern auch viele Nachteile für die jungen Trainer, die durchaus bessere Ausbildungsqualität liefern würden, da sie nach den neuesten wissenschaftlichen Trainingsvarianten ausbilden – im Gegensatz zu so vielen anderen Schulen in Deutschland, die die Präqualifizierung besitzen, aber nach alten Mustern trainieren. Darüber sollten sich die Gesetzgeber auch einmal im Klaren sein, denn es führt (zumindest hier in Deutschland) auch zu einer längeren Wartezeit der Fürhundversorgung für die blinden oder sehbeeinträchtigen Menschen.

Es wäre schön, und ich würde mir wünschen, dass in die Gesetzgebung bzw. deren Umsetzung Fachleute einbezogen würden, die sich mit dem echten Leben der Führhundausbildung auskennen und nicht nur nach Aktenlage entscheiden.

Mit heutigem Stand (August 2023) gibt es 49 gelistete Führhundschulen des DBSV (Deutscher Blinden- und Sehbehindertenverband e.V.) und davon ist gerade mal die Hälfte laut Aussage der Präqualifizierungsstelle präqualifiziert. Viele Trainer haben auch seit der Präqualifizierungspflicht aufgehört. Es wird für uns Trainer immer schwerer und wir müssen von Jahr zu Jahr immer mehr Voraussetzungen erfüllen, um diesen Job überhaupt noch ausüben zu dürfen, von den Kosten ganz zu schweigen.

Es gibt mittlerweile auch viele Kritiker, die der Meinung sind, den Blindenführhund aus tierschutzrelevanten Gründen komplett abzuschaffen, da es schließlich in der heutigen Zeit genügend technische Alternativen gibt. Ich kann diese Meinung durchaus nachvollziehen, aber auch hier gibt es zwei Seiten der Medaille. Wenn wir alle das gleiche Ziel verfolgen würden, dem Wohle des Tieres und dem Menschen zu dienen, dann würden solche Zweifel gar nicht aufkommen oder noch besser gesagt, dann würde keiner mehr von uns über Strafen in der Ausbildung nachdenken oder gar sie anwenden. Und vor allem dürfte auch nicht jeder blinde oder sehbeeinträchtigte Mensch einen Hund bekommen, denn genau wie wir Trainer sollte auch der Führhundhalter bestimmte Voraussetzungen erfüllen, um überhaupt das Hilfsmittel Blindenführhund in Anspruch nehmen zu dürfen. Hier müssten viele Entscheidungen der Schulen zum Wohle des Tieres getroffen werden und nicht für den Menschen. Das tun aber viele nicht, da schließlich Geld damit verdient werden muss.

Für mich ist und bleibt der Blindenführhund als Hilfsmittel unersetzlich, da kann es noch so viel Technik geben. Der Gedanke an „Technik statt Hund" stimmt mich sogar etwas traurig. Das wäre nicht nur ein großer Verlust für mich, sondern auch für so viele großartige Menschen, die auf dieses Hilfsmittel angewiesen sind. Der Hund als Hilfsmittel ist unersetzlich, weil er lebendig ist, Emotionen hat und den Menschen so viel Freude und Lebensqualität gibt. Der Blindenführhund ermöglicht nicht nur Mobilität, sondern auch soziale Kontakte und Geborgenheit, er ist ein Begleiter, ein Freund und ein Tröster in dunklen Stunden – all das kann Technik niemals ersetzen!

2. Wie wirst du Blindenführhundtrainer?

Um Blindenführhundtrainer zu werden, solltest du zumindest schon mal eine Hundetrainerausbildung (am besten über positive Verstärkung) mit bestandener Prüfung (§ 11 TierSchG) absolviert und schon einige Erfahrungen im Hundetraining gesammelt haben.

Du kannst nach deiner Ausbildung als Hundetrainer eine Weiterbildung zum Blindenführhundtrainer, z. B. bei der ATN-Akademie absolvieren, sei dir allerdings darüber bewusst, dass du nach der Ausbildung eine Führhundschule brauchst,

die mit dir zusammenarbeitet, da du noch nicht die Voraussetzungen für die Präqualifizierung erfüllst und somit auch keine Blindenführhunde auf selbständiger Basis ausbilden darfst bzw. die Kassen die Kosten des Blindenführhundes nur von präqualifizierten Schulen übernehmen. Also hilft dir die Ausbildung alleine nichts. Wie du zu deiner Präqualifizierung kommst, erkläre ich dir weiter unten in diesem Kapitel.

Das Ausbilden von Blindenführhunden ist sehr komplex und verantwortungsvoll. Hier geht es wirklich ans Eingemachte und du musst dir darüber im Klaren sein, dass der Hund später im Notfall funktionieren muss, und zwar bei jeglicher Ablenkung und bei jeglichem Menschen und nicht nur bei dir.

Der Blindenführhund muss bis zu vierzig Signale ausüben können. Hier ist nicht nur dein Trainingshandwerk gefragt, sondern auch deine Flexibilität im Training: Wie schnell kannst du dein Verhalten ändern, Entscheidungen treffen und dabei noch innere Ruhe bewahren, egal, was im Außen passiert? Blindenführhunde werden nicht im Labor trainiert, sondern im echten Leben, und das kommt sowieso oft anders, als wir denken.

Um dein Training auf ein hohes Niveau zu bringen, kann ich dir nur die Hühnermodule der Tierakademie Scheuerhof empfehlen. Es gibt für mich keine besseren Lehrer als die Hühner! Hier werden dein Timing, deine Flexibilität und deine Futterpunkte auf Herz und Nieren geprüft. Wie oft haben mich die Hühner zur Verzweiflung gebracht und ich musste schon mehr als einmal heulen, weil ich mir gegenüber dem Huhn so doof vorkam… heute kann ich darüber lachen. Ich habe so viel über das Training mit den Hühnern gelernt und habe all das Gelernte in mein Blindenführhundetraining einfließen lassen.

Hühner sind die besten Lehrmeister für angehende Tiertrainer, weil sie so schnell Feedback geben. Hier trainieren wir in einem Hühnermodul die Farbunterscheidung.

Training über positive Verstärkung

Training über positive Verstärkung ist weit mehr als nur „Kekse werfen“ und hat schon gar nichts mit „Bestechung“ zu tun, wie manche Kritiker immer wieder gern behaupten. Wenn aus dieser Ausbildungsform schlecht trainierte, unzuverlässige und verzogene Hunde hervorgehen, hat das nie etwas mit der Methode zu tun, sondern immer mit mangelnden Fähigkeiten des Trainers. Dieses Buch ist aber nicht der Platz dafür, die dahinterstehenden Lerngesetze und die Techniken zu erklären. Falls du in dieser Art des Trainings noch neu sein solltest, empfehle ich dir zum Einstieg die Bücher „Verstärker verstehen“ von Viviane Theby und „Das Pavlov-Projekt“ von Simon Prins – und natürlich unbedingt praktische Übung bei einem erfahrenen und guten Trainer!

Den Hund zu trainieren ist die eine Sache. Dann gibt es da noch den blinden oder sehbeeinträchtigten Menschen. Hier ist nicht nur deine Empathie gefragt, sondern auch Hintergrundwissen in Bezug auf Erblindung, Mobilität und Orientierung. Mehr darüber liest du in Kapitel 6.

Vor allem brauchst du einen langen Atem, denn erst, wenn dein ausgebildeter Hund und der Führhundhalter zusammen die Gespannprüfung erfolgreich bestehen, kannst du die Rechnung für das Hilfsmittel Blindenführhund bei der zuständigen Krankenkasse einreichen. Das bedeutet, dass du ca. zwei Jahre lang (falls du den Hund als Welpen kaufst) keinen Cent an der Ausbildung verdienst. Alle Kosten, die in dieser Zeit auf dich zukommen (und glaub mir, das sind viele, denn mit dem Kauf des Hundes ist es nicht getan), trägst du allein. Welche Kosten das sind, kannst du aus dem Beispiel des Kostenvoranschlags auf S. 155 entnehmen.

Was du aber vor allem bedenken musst, ist, dass du deinen Ausbildungshund vielleicht aus gesundheitlichen oder charakterlichen Gründen eventuell ausmustern musst, da er sich für diesen Job leider nicht eignet und du an die Qualitätskriterien (s. S. 65) gebunden bist und somit nur gesunde und charakterlich geeignete Hunde in die Ausbildung gehen dürfen. Also hast du im Worst Case den Hund großgezogen, teilweise ausgebildet und hattest schon eine Menge Ausgaben, bevor du festgestellt hast, dass eine weitere Ausbildung nicht sinnvoll ist. Es tut mir leid, dass ich dir jetzt die rosarote Brille abnehmen muss, aber dieser Job ist sehr risikoreich und manchmal auch frustrierend, wenn dir z. B. drei Hunde in Folge ausfallen – ganz zu schweigen von den Emotionen, die auch noch mit dranhängen. Die Hunde, die sich nicht eignen, werden dann als Familienhund abgegeben, um deiner eventuellen Frage vorzugreifen.

Alles hat seine Vor- und Nachteile und ich möchte trotz des sehr hohen Risikos keinen anderen Job machen. Ich tue das, was ich liebe, ich bin jeden Tag an der frischen Luft, darf so viel von meinen Hunden lernen, um eine immer bessere Trainerin zu werden und ich verhelfe sehbeeinträchtigten oder blinden Menschen zu mehr Lebensqualität. Dafür stehe ich jeden Morgen auf!

Was macht einen guten Blindenführhundtrainer aus?

Ich habe dir hier meine wichtigsten Punkte aufgeschrieben, die für mich einen guten Trainer ausmachen. An erster Stelle stehen für mich die Empathie für Tier und Mensch, gefolgt von Kompetenz, Flexibilität, Achtsamkeit und Vertrauen in das Leben.

Emotionale Empathie

Du besitzt die Fähigkeit, dich in einen blinden oder sehbeeinträchtigten Menschen oder in deinen Hund einzufühlen. Du hast Mitgefühl und verfügst über emotionale Sensitivität. Gerade im Training ist es die Kunst, die Emotionen deines Hundes oder der blinden oder sehbeeinträchtigten Person wahrzunehmen und mitzufühlen, wobei du gleichzeitig bei dir selbst bleibst – das heißt, dass du nicht in deinen eigenen Gefühlen und Geschichten abtauchst, sondern im Hier und Jetzt bleibst.

Kognitive Empathie

Kognitive Empathie ist die Fähigkeit, zu verstehen, was in deinem Hund oder einer anderen Person vorgeht. Du bist in der Lage, die Perspektive des Hundes und eines anderen Menschen einzunehmen. Du verstehst das Verhalten deines Hundes sowie die Gedanken des anderen – daraus kannst du korrekte Schlussfolgerungen aus dem Verhalten von Hund und Mensch ableiten.

Soziale Empathie

Soziale Empathie bedeutet, dass du die Stimmung und Schwingung in einem Raum und / oder zwischen Menschen wahrnehmen kannst. Du besitzt die Fähigkeit, den Zustand eines Gespanns (Führhundhalter und Blindenführhund) zu erfassen, zu fühlen und in seiner Komplexität verstehen zu können.

Schaulogik

Alle drei Formen von Empathie brauchen ein gewisses Maß an Schaulogik. Dies ist deine Fähigkeit, verschiedene Perspektiven auf ein und dieselbe Situation einzunehmen und anzuerkennen. Das heißt, du kannst dich in die Perspektive eines Menschen hineinversetzten, sie respektieren und aus seiner Sicht nachvollziehen, auch, wenn sie nicht deiner Meinung entspricht.

Die Macht deiner Empathie

Wenn du diese Qualität lebst, wirst du viel einfacher Klienten gewinnen und auf einer tieferen Ebene trainieren. Empathie ist der Schlüssel zu dir selbst, zu deinem Hund und zu anderen. Aber Achtung! Empathie bedeutet, dass du dich in Emotionen eines anderen Menschen und in deinen Hund hineinfühlen kannst und gleichzeitig bei dir bleibst! Empathie bedeutet nicht Mitleid – Mitleid wirkt negativ und verstärkt die Emotion. Mitleid schwächt, Empathie erhebt.

Vertrauen in das Leben

Die Menschen kommen zu dir, weil sie etwas in dir sehen und spüren, was sie auch gern haben möchten. Jeder Mensch sucht den Zugang in das Urvertrauen. Wenn ich dem Leben und meinem Hund voll vertraue, kann ich jede Herausforderung annehmen. Menschen lassen sich von dir inspirieren.

Kompetenz

Du verstehst dein Trainingshandwerk, du verfügst über ein großes Wissen, du beherrscht die Lerngesetze, bist unschlagbar in deinem Timing, weißt genau, welche Kriterien im Training gerade gefragt sind und bist dir über die Belohnungsrate im Klaren.

Achtsamkeit

Achtsamkeit ist eine sehr kostbare Tugend. Achtsam zu sein bedeutet, hellwach und präsent zu sein bei dem, was ist. Beobachte und lausche, dann wirst du in deinem Training unschlagbar.

Präqualifizierung

Seit 2020 müssen alle Führhundschulen eine so genannte Präqualifizierung vorweisen. Ohne Präqualifizierung kannst du nicht über die Krankenkassen abrechnen und somit auch keine Blindenführhunde ausbilden. Am besten suchst du dir einen gute Führhundschule (wie schon oben erklärt), mit der du zusammenarbeiten kannst, um deine ersten beiden Hunde, die Voraussetzung für die Erstpräqualifizierung sind, über diese Führhundschule laufen zu lassen. Zuständig für die Prüfung der Führhundschulen ist die DGP (Deutsche Gesellschaft zur Präqualifizierung im Gesundheitswesen). Die Erstpräqualifizierung ist nur fünf Jahre lang gültig, danach musst du eine Folge-Präqualifizierung beantragen.

Gemäß § 126 SGB V (Sozialgesetzbuch – fünftes Buch) müssen sich die Leistungserbringer für Hilfsmittel, also in dem Fall du, die Voraussetzungen für eine ausreichende, zweckmäßige und funktionsgerechte Herstellung, Abgabe und Anpassung dieser Hilfsmittel durch eine Präqualifizierungsstelle bestätigen lassen. Diese Bestätigungen sind dann von jeder Krankenkasse anzuerkennen.

Mit deinem Antrag auf Präqualifizierung hast du die entsprechenden Anforderungen aus den Empfehlungen des GKV-Spitzenverbandes (Bund der Krankenkassen in Deutschland) nachzuweisen. Es handelt sich hierbei insbesondere um die berufliche Qualifikation des fachlichen Leiters sowie allgemeine und versorgungsspezifische Anforderungen.

Auf der Seite der Deutschen Gesellschaft zur Präqualifizierung im Gesundheitswesen (DGP) kannst du alles über die Präqualifizierung nachlesen, was du als Blindenführhundtrainer wissen solltest: www.dgp-gmbh.de. Auch auf www.gkv-spitzenverband.de findest du aktuelle Infos.

Folgende Kriterien müssen für die Erstpräqualifizierung erfüllt werden:

Berufliche Voraussetzung

- Arbeitsvertrag (als Nachweis für deine Berufserfahrung, falls du in einem Angestelltenverhältnis tätig warst) oder Bescheinigung einer mindestens zweijährigen Berufserfahrung (selbständig oder im Angestelltenverhältnis)

- Mindestens zwei erfolgreich absolvierte Gespannprüfungen (s. S. 177)

Allgemein

- Unternehmensbezogene Nachweise / Gewerbeanmeldung

- Betriebshaftpflicht (nicht älter als zwei Monate)

- Gewerberechtliche Voraussetzungen / Auszug aus dem Zentralregister

- Institutionskennzeichen / Nachweis (s. S. 35)

- Erlaubnis nach § 11 TierSchG oder ein gleichwertiges Schreiben der zuständigen Tierärztekammer / Veterinäramtes, sofern im jeweiligen Bundesland die oben genannte Erlaubnis keine Voraussetzung zur Gewerbeausübung darstellt.

- Absolvierung 10 Std. Basistraining in Orientierung und Mobilität (O & M) durch einen anerkannten Rehabilitationslehrer

- Absolvierung Fortbildung Forum Gesundheit, 40 Std., s .S. 34

- Nachweis Zuverlässigkeit (Selbsterklärung, z. B. kein Verstoß gegen das Tierschutzgesetz, Straftaten oder Ordnungswidrigkeiten, fachlicher Leiter, sowie Mitarbeiter der Führhundschule)

- Erziehung und Ausbildung (schriftliche Selbstverpflichtung, Eigenerklärung)

Organisatorisch

- Schriftliche Eigenerklärung zum Nachweis der Insolvenzfreiheit

Ausstattung

Die Prüfung der Ausstattung erfolgt durch eine Betriebsbegehung. Das Protokoll der Betriebsbegehung erfolgt durch eine fachlich ausgebildete Person bei der Präqualifizierung sowie bei Bezug von neuen oder anderen Räumlichkeiten. Das bedeutet, dass auch bei einem Umzug die Präqualifizierung neu von dir angefordert werden muss.

Folgende Punkte werden geprüft:

- Unterbringung der Blindenführhunde
- Übereinstimmung der Rasse – die Hunde müssen den Anforderungen der Qualitätskriterien entsprechen, also z. B. keine Listenhunde oder Hunde, die aus dem Tierschutz stammen
- Größe und Zustand der Betriebstätte
- Fütterung und Pflege
- Ausreichender Freilauf
- Umgangsmöglichkeit (vorhanden)
- Transport in Boxen (vorhanden)
- Führgeschirre (vorhanden)
- Leinen (vorhanden)
- Halsbänder (vorhanden)

- Kenndecken (vorhanden)
- Lang- und Kurztaststöcke (vorhanden)
- Bürsten, Kämme und Scheren
- Mittel zur Ungezieferprävention
- Saubere Tierhandtücher
- Desinfektionsmittel
- Verbandsmaterial
- Hundebestandsbuch
- Herkunftsnachweis/Ahnentafel von allen Hunden, die sich gerade in Ausbildung oder in einer Patenfamilie befinden (was sich bei mir ausschließt, da ich keine Paten habe)
- Aktuelle EU-Heimtier-Impfpässe
- Ärztliche Atteste (z.B. Impfstatus, Röntgenaufnahmen, Augenuntersuchung, Kastration, Blutuntersuchung, Nierenstatus usw.)
- Nachweise (Dokumentation) zum Training der Hunde, das wird von der PQ-Stelle geprüft, und ggf. von der zuständigen Krankenkasse des Versicherten (Führhundhalter) gefordert

Verpflichtend sind darüber hinaus z.B. der Wechsel des Inhabers oder des fachlichen Leiters, Standortwechsel oder Erweiterung des Hilfsmittelspektrum unverzüglich anzuzeigen. Ein Unterlassen der Anzeige einer maßgeblichen Änderung kann zur Einschränkung, Aussetzung oder zum Entzug des Zertifikates führen.

Überwachung / Präqualifizierung

Die erste vom Gesetzgeber vorgeschriebene Überwachung der Präqualifizierung wird nach ca. 20 Monaten nach dem Erstellungsdatum stattfinden.

ZERTIFIKAT

Die Deutsche Gesellschaft zur Präqualifizierung im Gesundheitswesen (DGP®)
Verantwortlicher Leiter: Axel-Günther Hugot
bescheinigt hiermit, dass auf Ihren Antrag vom 20.10.2020 die Betriebsstätte

Blindenführhundschule mit Herz
Dorenwaid 90, 88167 Gestratz, IK 590902751

mit dem/r fachlichen Leiter/in für folgende Versorgungsbereiche

Verena Weig
07E11R

das Präqualifizierungsverfahren gem. § 126 Abs. 1 S. 2 SGB V erfolgreich abgeschlossen hat.

nach § 126 SGB V PRÄQUALIFIZIERT durch die DGP®

Zertifikat-Registrier-Nr.:	00010902
Zertifikat gültig bis	13.12.2025
Zertifizierung gültig ab	01.03.2023

DAkkS Deutsche Akkreditierungsstelle D-ZE-20934-01-00

Lünen, den 01.03.2023

A.-G. Hugot
Deutsche Gesellschaft zur Präqualifizierung im Gesundheitswesen GmbH (DGP®)
Münsterstraße 5 | 44534 Lünen (Germany)

Achtung neu!

Seit September 2022 ist außerdem auf Anordnung des GKV-Spitzenverbandes zwingend eine zusätzliche 40-stündige Weiterbildung im Rahmen des Präqualifizierungsverfahrens zu absolvieren. Diese findet im Forum für Gesundheit statt und umfasst:

- *Verhaltensmerkmale und Verhaltensweisen Hund*
- *Lerntheoretische Grundlagen*
- *Orientierung und Mobilität*
- *Kommunikation mit Adressaten*
- *Individuelle Bedarfsmitteilung*
- *Schriftliche Prüfung*
- *Zertifikat*

***Mein Tipp:** Informiere dich unbedingt regelmäßig auf den Internetseiten www.gkv-spitzenverband.de und www.dgp-gmbh.de. Die Vorschriften und Anforderungen können sich immer wieder mal ändern. Die hier angegeben Informationen entsprechen dem Stand bei Drucklegung des Buchs (Nov. 2023).*

Abwicklung mit der Krankenkasse

Beantragung für die Genehmigung eines Blindenführhundes

Voraussetzung, um einen Blindenführhund bei der Krankenkasse zu beantragen, ist neben der Präqualifizierung das sogenannte Institutionskennzeichen oder IK-Zeichen. Es ist eine bundesweit gültige eindeutige Identifikation für alle Leistungserbringer im Gesundheitswesen, die mit den gesetzlichen Kassen abrechnen möchten. So können Kassen die Abrechnungsdaten leicht und eindeutig zuordnen und es entsteht Sicherheit für Kasse, Leistungserbringer und Patient. Im § 293 SGB V wird eine IK-Nummer als Bedingung zur Abrechnung durch Leistungserbringer mit den gesetzlichen Krankenkassen vorgegeben. Für die Krankenkassen regelt der § 293 SGB V den Einsatz des IK zur eindeutigen Identifizierung und Kennzeichnung der Gesundheitsleistungen.

Es handelt sich beim IK um eine neunstellige Zahl. Dein IK kann nur schriftlich bei der ARGE IK (Arbeitsgemeinschaft Institutionskennzeichen) beantragt werden und ist kostenlos.

Die beiden Punkte Präqualifizierung und IK-Zeichen sind also zwingend notwendig, damit du mit den Krankenkassen zusammenarbeiten kannst und Blindenführhundes ausbilden darfst. Daran geht kein Weg vorbei.

Und falls du dich jetzt fragst, gibt es denn eine Versicherung für mich als Blindenführhundtrainer? Außer der Gewerbehaftpflicht und Hundehaftpflicht gibt es für uns Blindenführhundtrainer leider keine gesonderte Versicherung bei Ausfall des Hundes oder Übernahme der Tierarztkosten. Ich habe mich schon mehrmals bei verschiedenen Versicherungen erkundigt, leider gibt es auch dort noch keine Verbesserung für uns als Trainer. Nach wie vor tragen wir unser Risiko selbst. Wenn der Hund bei der Einarbeitung (was zum Glück noch nie der Fall war) einen Unfall verursacht oder der Führhundhalter stürzt, haften meine Gewerbehaftpflicht und meine Hundehalterhaftpflicht, da meine Ausbildungshunde bis zur bestandenen Gespannprüfung bei mir versichert sind. Allerdings ist das auch je nach Versicherung anders geregelt, ich habe bei meiner explizit nachgefragt und mich abgesichert, ob in einem solchen Fall die Versicherung die Kosten übernimmt. Ab dem Tag der bestandenen Prüfung muss der Führhundhalter die Versicherung des Hundes übernehmen und auch bei der Krankenkasse nachweisen.

Nach all den bürokratischen Anliegen und den Nachteilen, die dieser Job nun mal mit sich bringt, möchte ich dir sagen: Verliere nicht den Mut oder denke, dass dir doch alles zu anstrengend ist. Für mich ist und bleibt es der weltbeste Job. Und wie schon gesagt, alles hat seine Vor- und Nachteile. Es gibt nichts Schöneres für mich, als mit Hunden arbeiten zu dürfen, Welpen aufwachsen zu sehen, die kleinen Fellkinder auf das Leben da draußen vorzubereiten, mit ihnen zu knuddeln, zu sehen, wie sie sich zu großartigen Blindenführhunden entwickeln, wie sie voller Stolz und Freude ihre Aufgaben erfüllen, Herausforderungen meistern, sich mutig Gefahrensituationen stellen und ihren Menschen stets sicher und motiviert führen. Und dann, wenn ich wieder ein Gespann begleiten durfte und Hund und Mensch zu einem unschlagbaren Team geworden sind, weiß ich, warum ich diesen Job mit all dem Risiko so liebe – das ist mein kleiner Beitrag zum großen Ganzen!

Die Situation in Österreich und in der Schweiz

In Österreich brauchst du als Blindenführhundtrainer keine Präqualifizierung. Als Qualitätsmerkmal wurde vom Gesundheitsministerium das Gütesiegel „Tierschutzqualifizierte Hundetrainerin / Tierschutzqualifizierter Hundetrainer" eingeführt.

Anders als bei uns in Deutschland muss dein Ausbildungshund sich laut den Richtlinien der Assistenzhunde in Österreich, verfasst vom Sozialministerium, einer Qualitätsbeurteilung vor der Zusammenschulung mit der blinden oder sehbeeinträchtigten Person unterziehen. Geprüft werden Sozial-/Umweltverhalten, Gehorsamkeit und Führarbeit des Hundes. Für die Prüfung ist in den meisten Fällen das Messerli Institut zuständig.

Dann wird nochmals das Team (Führhundhalter mit Hund) geprüft, damit gewährleistet wird, dass der Hundehalter mit dem Blindenführhund die gelernten Aufgaben sicher bewältigen kann.

Auch mit der Finanzierung sieht es in Österreich und der Schweiz anders aus. Lange Jahre stellte dieses ein zentrales Problem dar. Bei berufstätigen blinden oder sehbeeinträchtigten Menschen übernahm das Sozialministerium etwa 60 % der Kosten aus dem Augleichstaxenfond, die restlichen Kosten wurden von anderen Trägern übernommen. Dies stellte allerdings eine Kannbestimmung und keinen Rechtsanspruch dar, weshalb die Zuschüsse von Fall zu Fall höchst unterschiedlich gehandelt wurden. Nicht erwerbstätige Personen hatten bei der Führhunfinanzierung erhebliche Schwierigkeiten.

Außerdem machte es einen Unterschied, welchem Sozialversicherungsträger man angehörte oder in welchem Bundesland der Antragsteller seinen Wohnsitzt hatte. Rechtsanspruch auf Finanzierung bestand lediglich für Personen, auf die das Kriegsopferversorgungsgesetz, das Opferfürsorgegesetz, das Heeresversorgungsgesetz oder das Verbrechensopfergesetz zutraf.

Mit Anfang 2018 (also noch gar nicht so lange) kam endlich die erfreuliche und lang geforderte Verbesserung der Finanzierungslage, indem das Bundesministerium für Arbeit und Soziales die Blindenführhundfinanzierung für berufstätige Personen von rund 21.500 EUR auf rund 30.000 EUR erhöhte. Dies war ein wichtiger Schritt. Ebenso wurde die Förderung auf Personen in Berufsausbildung ausgeweitet.

Wieder ganz anders ist es in der Schweiz. Dort benötigst du eine dreijährige Ausbildung zum Blindenführhundinstruktor (so nennt sich der Blindenführhundtrainer in der Schweiz). Die Ausbildung ist nur bei IV-anerkannten Blindenführhundschulen möglich, das sind solche, die einen Tarifvertrag mit der Invalidenversicherung (IV) haben. Die Ausbildungsplätze in der Schweiz sind sehr rar, da nur wenige Schulen dieses Qualitätsmerkmal (Tarifvertrag mit der Invalidenversicherung) haben. Die meisten Schulen bilden grundsätzlich nur dann jemanden aus, wenn sie auch anschließend einen Arbeitsplatz in ihrer Schule anbieten können.

Diese Voraussetzungen musst du erfüllen, um zur Prüfung für Blindenfürhundinstruktoren in der Schweiz zugelassen zu werden:

- *Abschluss auf tertiärer Stufe*
- *mindestens zwei Jahre Berufspraxis als Blindenführhundeinstruktor/in*
- *Nachweis der erforderlichen Modulabschlüsse beziehungsweise Gleichwertigkeitsbestätigungen*
- *Führerausweis der Kategorie B*
- *Alter: 22 – 35 Jahre*
- *Sprachen: Deutsch und Französisch*

Außerdem werden vorausgesetzt:

- *sehr gute Gesundheit und robuste körperliche Verfassung*
- *große psychische Belastbarkeit und Durchsetzungsvermögen*
- *große Tierliebe und Verständnis für das Wesen des Tieres*
- *gute Schul- und Allgemeinbildung*
- *gute Umgangsformen*
- *Offenheit und Kontaktfreudigkeit*
- *Teamfähigkeit und Selbständigkeit*

Die Finanzierung der Blindenführhunde in der Schweiz erfolgt über die Invalidenversicherung, Spendenerträge, Legate und Erbschaften. Die bekannteste und älteste Schule in der Schweiz ist die Schweizerischer Schule für Blindenführhunde Allschwill.

DOG

3. Der zukünftige Blindenführhund

Welche Rassen eignen sich?

Ich denke, dass es viele Rassen und Mischlinge gibt, die sich als Führhund eignen, allerdings spielen Aufzucht und Training eine essenzielle Rolle. Ich kann einen genetisch super veranlagten Hund haben, dies aber mit unfairen Trainingsmethoden, Empathielosigkeit gegenüber dem Tier oder gar mangelnder Expertise, was die Aufzucht angeht, komplett ruinieren. Oder ihn an einen Menschen übergeben, der nicht mit dieser Rasse umgehen kann und er aus diesem Grund als Führhund versagt. Hier sind gutes Trainingshandwerk, richtige Entscheidungen zum Wohl des Tieres und Menschen und viel Erfahrung gefragt.

Für die Ausbildung zum Blindenführhund können sich verschiedene Rassen eignen.

Aber natürlich gibt es einige Hunderassen und Mischlinge, die sich aufgrund ihrer körperlichen und charakterlichen Eigenschaften besonders als Blindenführhund eignen. Oft sieht man in diesem Job den Labrador, den Golden Retriever, den Labradoodle, den Großpudel, den Deutschen Schäferhund, den Belgischen Schäferhund, den Riesenschnauzer, den Langhaar Collie, den Border Collie, den Australian Shepherd und den Eurasier. Aufgrund der Qualitätsanforderung des GKV-Spitzenverbandes, was die genannte Größe- und Gewichtsangabe des Hundes betrifft (s. S. 66/67), schränkt dieses Kriterium die Auswahl der Rassen schon ziemlich ein.

Ich finde alle genannten Rassen großartig, allerdings sind meiner Meinung nach nicht alle gleich gut für den Job als Blindenführhund geeignet. Oft ist es sogar unfair dem Tier gegenüber, ihm diese Aufgabe zuzumuten. So empfinde ich persönlich den Australian Shepherd und den Border Collie als sehr leicht erregbar, so wie ich es bei vielen Hütehunden erlebe, und deshalb für diesen Job eher nicht geeignet. Der Deutsche Schäferhund sowie der Belgische Schäferhund verlieren zu oft die Nerven aufgrund ihrer niedrigen Reizschwelle und sind schon für sehende Hundehalter eine Herausforderung, beim Langhaarcollie ist die Fellpflege ein echt großer Aufwand für einen nicht sehenden Menschen, genauso beim Pudel, geschweige denn die Jagdmotivation, die bei manchen Pudeln on top dazukommt.

Natürlich kann man das nicht verallgemeinern und ich kenne auch Führhundhalter, die mit diesen Rassen höchst zufrieden sind und auch Trainer, die überzeugt von ihnen sind. Ich bin es eben nicht, was den Job als Blindenführhund angeht, dafür habe ich schon zu viel erlebt und gesehen. Aber nur, weil ich es so empfinde, heißt es nicht, dass es falsch ist, Hunde solcher Rassen auszubilden. Das musst du für dich selbst entscheiden, so wie ich mich eben überwiegend für den Labradoodle und Labrador entschieden haben. Nach all meiner

Labradore sieht man häufig in diesem Job.

langjährigen Erfahrung kann ich mit Überzeugung sagen, dass ich mit diesen Rassen und Mischlingen die wenigsten Themen habe, und das sowohl in der Ausbildung als auch später beim blinden oder sehbeeinträchtigen Menschen. Der Labrador zeichnet sich mit seiner absoluten Freundlichkeit und seiner unermüdlichen Lernbereitschaft für ein Leckerchen aus, er ist unkompliziert, kann sich ohne Stress auf neue Situationen einstellen, ist stabil im Charakter und lässt sich nicht so schnell aus der Ruhe bringen. Labradore sind die Clowns unter den Hunden, für jeden Spaß zu haben und getreu nach dem Motto, aus dem Weg hier komme ich, was in der Führarbeit ein großer Vorteil ist, denn mag der Bahnhof noch so menschenüberfüllt sein, der Labrador geht stur seinen Weg.

Und der Labradoodle, also ein Mix aus Labrador und Großpudel? Ich persönlich bin ein Riesenfan! Er hat alle Vorzüge vom Labrador gepaart mit der vornehmen Zurückhaltung und Feinheit des Pudels. Das Gute am Labradoodle ist, dass er selten Jagdmotivation zeigt, auch wenn der Pudel mit drinsteckt. Ich musste jedenfalls bisher noch keinen Doodle aufgrund von zu großer Jagdmotivation ausmustern. Ich bevorzuge die F1-Labradoodle, also direkte Mischlinge aus Labrador und Großpudel, denn diese haben in den meisten Fällen nicht das Haarkleid eines Pudels, sondern eher glattes oder gewelltes Fell, was mir und dem zukünftigen Führhundhalter die Fellpflege erleichtert. Außerdem sind sie sanftmütig, freundlich und unglaublich lösungsorientiert in der Führarbeit, sie nehmen jede Herausforderung mit Leichtigkeit, sie überlegen (Achtung, Interpretation von mir) genau, was als nächstes zu tun ist, um ihren Menschen vor Gefahrensituationen zu schützen. Sie sind lustig, verschmust und ich finde sie einfach unglaublich süß.

Labradoodle Nils (F1) hat seine Gespannprüfung im Juli 2023 mit Erfolg bestanden.

Natürlich solltest du auch dem Führhundhalter alle Vor- und Nachteile der jeweiligen Rasse erklären. So ist zum Beispiel der Großpudel in der Führarbeit sehr stark und strategisch in Lösungen von Herausforderungen, allerdings bricht bei manchen Vertretern der Rasse die Jagdmotivation durch. Der Labrador ist sehr nervenstark und freudig motiviert in seiner Arbeit, jedoch auch wasserversessen und sehr verfressen, und es kann durchaus sein, dass er im Freilauf Dinge aufnimmt, die den sehbeeinträchtigten Menschen nicht gerade erfreuen. Es ist sehr wichtig, den zukünftigen Führhundhalter über die Vor- und Nachteile der jeweiligen Rasse aufzuklären, damit er weiß, was auf ihn zukommen wird.

Die Hunde, die du als Blindenführhund ausbilden möchtest, müssen sehr sorgfältig von dir ausgesucht werden. Geeignete Hunde dürfen weder zu ängstlich noch zu stürmisch sein. Ein Blindenführhund sollte ein ruhiges, ausgeglichenes Wesen und eine hohe Reizschwelle haben und kaum Jagdmotivation zeigen. Fremde Menschen und ungewohnte Situationen dürfen das Tier nicht ängstigen. Die Hunde sollten zudem eine gewisse Lernbereitschaft mitbringen und sich mittels Futter, Spielzeug und Spielen zur Zusammenarbeit mit dem Menschen motivieren lassen. Die zukünftigen Blindenführhunde sollten absolut gesund sein.

Vom Welpen zum Blindenführhund

Die Wahl der Zuchtstätte

Gerade die ersten Lebenswochen sind entscheidend für die Entwicklung des zukünftigen Blindenführhundes. Hier werden die Grundlagen für das spätere Hundeleben gelegt. Für diesen wichtigen Entwicklungsabschnitt ist der Züchter zuständig. Gewissenhafte und gute Züchter tun ihr Möglichstes, dem Welpen alles zu bieten, was er für eine gute Entwicklung braucht. Ob es die Unterbringung der Mama mit ihren Babys ist, die medizinische Versorgung, hochwertiges Futter und vor allem ein wohlwollendes Auge auf die Entwicklung des Welpen, die für das spätere Verhalten des zukünftigen Blindenführhundes so wichtig ist. Hier wird der Grundstein gelegt! Also treffe die bestmögliche Wahl, damit du einen gut sozialisierten Welpen mit einer guten Geborgenheitsgarnitur (die Fähigkeit eines Hundes, in seinem emotionalen Gleichgewicht zu bleiben) bekommst.

> ***Bedenke:*** *Ist der Züchter schlecht, kannst du noch so ein guter Trainer sein und dir noch so viel Mühe geben, denn durch eine schlechte Zucht und Aufzucht sind Verhaltensprobleme schon vorprogrammiert. Für die Ausbildung zum Blindenführhund völlig ungeeignet! Das betrifft die zukünftigen Familienhunde genauso.*

Ich habe das große Glück, meine Ausbildungshunde von einer lieben Trainerkollegin und sehr guten Züchterin (die übrigens mit mir zusammen Blindenführhunde ausbildet) zu beziehen. Ich kenne alle Elterntiere meiner Ausbildungshunde, vor allem werden schon die Welpen auf ihren zukünftigen Job als Blindenführhund vorbereitet. Bei Jutta werden die Welpen mit viel Liebe und Expertise behutsam auf das Leben vorbereitet, ohne sie zu überfordern. Es werden kleine Ausflüge in die Stadt unternommen und kleine Mutproben bestanden – das kann z. B. das Stehen auf einem Balancierbrett sein, über verschieden Untergründe laufen, ins Wellenbad springen und vieles mehr.

Merkmale eines guten Züchters

Eines der wichtigsten Merkmale für einen guten Züchter ist für mich, dass es ihm nicht egal ist, an wen sein Welpe geht und ihm der Verbleib der Tiere ein wichtiges Anliegen ist. Auch im Notfall nimmt er eher den Welpen zurück, als zuzulassen, dass ihn eine fragwürdige Zukunft erwartet. Wundere dich also nicht, wenn du auch mal eine Absage eines Züchters bekommen solltest, denn nicht alle Züchter gehen damit in Resonanz, dass ihre Welpen Blindenführhunde werden sollen.

Schon die Welpen können und sollen wichtige Dinge lernen, wie hier das Stehen auf einem Wackelbrett oder die Gewöhnung an verschiedene Untergründe.

Ein guter Züchter sucht sich nur Elterntiere, die vom Wesen her vorbildlich sind. Eine gute Zuchtstätte würde niemals mit ängstlichen, aggressiven oder gar kranken Hunden züchten. Es wird darauf geachtet, dass die tragende Mama bestmöglich versorgt wird, indem sie nicht übermäßigem Stress ausgesetzt, aber auch nicht in Watte gepackt wird. Die Welpen dürfen ihre eigenen Erfahrungen machen und werden nicht zu sehr verwöhnt, dennoch greift der Züchter in Notsituationen ein, zum Beispiel, falls es bei der Geburt Komplikationen gibt.

Die Welpen werden durch fachgerechten Umgang sowie die durchdachte Einrichtung der Kinderstube optimal in ihrer Entwicklung gefördert. Ein guter Züchter leistet in Sachen Sozialisation schon Vorarbeit, indem er die Welpen mit anderen Hunden, anderen Tierarten sowie mit den unterschiedlichsten Menschen bekannt macht.

Bei einem guten Züchter dürfen und sollen zukünftige Welpenbesitzer ihre Welpen vor der Abgabe besuchen. Sie müssen sich aber auch darauf einstellen, vom Züchter kritisch geprüft zu werden, denn diesem liegt am Herzen, mit wem seine Hunde ihr künftiges Leben verbringen werden. Um das Lernverhalten der Kleinen zu fördern, bringen gute Züchter den Welpen schon das Tragen eines Halsbandes, das Autofahren, ein Komm-Kommando und ähnliche Dinge bei. Empfehlenswerte Literatur dazu und woran man gute Züchter erkennt, findest du im Anhang zum Buch (siehe S. 208).

Die Auswahl des Welpen

Da ich eine sehr gute Zuchtstätte für meine zukünftigen Blindenführhunde gefunden habe und ich auch noch das große Glück habe, dass „meine Züchterin" selbst Blindenführhunde ausbildet, vertraue ich ihr vollkommen in der Auswahl der zukünftigen Blindenführhunde. Niemand kennt die Welpen besser als sie, denn Jutta verbringt die meiste Zeit mit ihnen. Keinen meiner bisherigen Welpen, die ich von ihr bezogen habe, musste ich aufgrund von gesundheitlichen Gründen oder aufgrund von Verhaltensauffälligkeiten ausmustern, und das ist für mich schon Grund genug, hier die Auswahl nicht selbst zu treffen.

Der Welpentest

Ich persönlich halte nichts von den sogenannten Welpentests zur Auswahl der künftigen Führhunde, denn sie sind nur Momentaufnahmen. An einem Tag kann der Kleine ruhig sein, da er vielleicht schlecht geschlafen hat oder zuvor mit seinen Geschwistern gespielt hat und am nächsten Tag ist er überdreht … Nach all meiner langjährigen Erfahrung kann ich aus Überzeugung sagen, dass sich auch der ruhigste Welpe aus dem Wurf zu einer Rakete entwickeln kann. Der Welpe durchläuft bis zum erwachsenen Hund so viele Phasen, dass sich noch ganz viel ändern kann – davon abgesehen, dass auch noch die hormonell bedingten Verhaltensweisen zu beachten sind, von der Pubertät mal ganz zu schweigen.

Nils erkundet den Tunnel.

Viele angehende Blindenführhunde müssen aufgrund von zu großer Sensibilität, Angst, Jagdmotivation, Unsicherheit und so weiter ausgemustert werden, und weil gerade diesbezüglich schon die ersten Wochen prägend für das spätere Verhalten sind, kann ich dir nur ans Herz legen, dir einen guten Züchter zu suchen, um dir solche Enttäuschungen zu ersparen.

Natürlich kannst du als Trainer viel managen und bei dir mag das auch gut funktionierten, da du dem Hund auch die nötige Sicherheit geben kannst – allerdings kann das ein blinder oder sehbeinträchtiger Mensch nicht mehr und der Hund ist später in der Führarbeit auf sich selbst gestellt. Also entscheide bitte immer zum Wohle des Tieres und des zukünftigen Halters, ob der Hund aufgrund seines Verhaltens wirklich für diesen anspruchsvollen Job geeignet ist! Es gibt nichts Schlimmeres als Hunde, die buchstäblich gezwungen werden, diesen Job ausüben zu müssen, obwohl sie aufgrund ihrer Eigenschaften nicht in der Lage sind, den Halter sicher und mit Freude zu führen. Das ist für mich mehr als unfair. Deshalb tendiere ich dazu, einen eher ängstlichen Welpen aus dem Wurf nicht zu nehmen, auch wenn sich das wie beschrieben noch ändern kann – aber sicher wissen kann ich es nicht. Also treffen meine Züchterin und ich schon eine Vorauswahl, nur eben nicht anhand eines einzigen Tests, sondern aufgrund längerer Beobachtungen, um eine sichere Entscheidung treffen zu können, was die Wahl des zukünftigen Blindenführhundes angeht.

Nicht zu verwechseln mit dem Welpentest, den ich für wenig sinnvoll halte, ist der Wesenstest, den du auf jeden Fall vor der Gespannprüfung der Krankenkasse nachweisen musst (siehe dazu S. 53 und S. 180).

Die Sozialisierung

Die Sozialisationsphase dauert bis zur 12. Lebenswoche. Was in dieser Phase geschieht, trägt entscheidend zur Entwicklung des zukünftigen Blindenführhundes bei. Hier werden die Grundlagen gelegt, aber leider werden in der Sozialisationsphase auch viele spätere Verhaltensauffälligkeiten verankert. Das passiert zum Beispiel, wenn die Welpen nur auf dem Gelände der Zuchtstätte bleiben, ihnen also keine Möglichkeit gegeben wird, die Welt da draußen zu erkunden. Das führt dazu, dass Hunde von solchen Züchtern später Angst und Unsicherheit in der Umwelt zeigen, z. B. bei Lärm, Verkehr, Fahrräder, Kinder usw.

Inzwischen nimmt man an, dass die Sozialisationsphase schon viel früher beginnt, ca. in der 3.–5. Woche. Jetzt weißt du auch, warum der Züchter so eine wichtige Rolle für die Aufzucht für deinen Welpen spielt. Was die Welpen in dieser Zeit nicht erleben, ist später fast nicht wieder nachzuholen. Ein Grund mehr für dich, dir den Züchter sorgfältig auszusuchen.

In dieser Zeit beginnt der Welpe zu lernen und sich zu formen. Er lernt die Hundesprache, denn diese ist nicht angeboren. Er lernt im Spielen mit den Geschwistern und der Mama, Signale der anderen zu deuten und selbst Signale gezielt und immer feiner einzusetzen. Es werden die Grundlagen zur Beißhemmung sowie die Grundlagen für sexuelles Verhalten gelegt.

Das wichtigste Lebewesen, das mit einem Hund sozialisiert werden muss, ist der Mensch. Falls dies nicht in der Sozialisationsphase geschieht, wird es später fast nicht mehr möglich sein. Für einen Hund, der bis zu diesem Alter ohne menschlichen Kontakt aufwächst, werden Menschen immer fremde Wesen bleiben, auf die er entweder mit Angst oder Aggression reagiert. Für einen angehenden Blindenführhund undenkbar und für all die anderen Hunde natürlich auch. Deshalb sollten Welpen viele unterschiedliche Menschen kennenlernen. Auch andere Tierarten sollten sie kennenlernen, damit sie hier auch keine Angst bekommen und lernen, dass zum Rudel gehörende Tiere nicht gejagt werden. Allerdings heißt das noch lange nicht, dass das für die Nachbarskatze genauso gilt… deshalb sollten die kleinen Fellkinder so viele verschiedene Katzen, Pferde, Kaninchen und so weiter wie möglich kennenlernen.

In die Sozialisationsphase muss auch das Stadttraining mit einfließen.

Negative Erfahrungen

Negative Ereignisse haben gerade in dieser sensiblen Phase einen starken Einfluss auf das spätere Leben des Hundes. Sowohl der Züchter als auch du sollten dafür sorgen, dass der kleine Welpe keine traumatisierenden Erfahrungen mit anderen Tieren und besonders mit Menschen macht. Deshalb musst du sehr wachsam mit deinem Welpen und der Außenwelt sein, denn später kannst du das fast nicht mehr reparieren. Ein Grund mehr, warum ich meine Welpen nicht in Patenfamilien gebe – dazu gleich mehr.

Entdeckung der Umwelt

In der heutigen Welt ist es sehr wichtig, dass junge Hunde so viel wie möglich als normal kennenlernen. Gerade die Blindenführhunde müssen jegliche Art von Verkehrsmittel, menschenüberlaufene Bahnhöfe, Straßenlärm, Baustellenlärm, Enge wie etwa in Aufzügen oder U-Bahn, Mülltonnen, Spielplätze, Sonnenschirme und vieles mehr kennenlernen. Hier möchte ich allerdings ganz deutlich darauf hinweisen, den kleinen Welpen nicht zu überfordern und die Sozialisation mit Sinn, Verstand und dosiert durchzuführen, um das kleine Hundekind nicht zu ängstigen oder gar zu überfordern, da sonst das Gegenteil erreicht wird. Eine kleine Hilfestellung kann auch eine Geräusch-CD sein, die man den Welpen schon ab der dritten Woche vorspielen kann. Gute Züchter erkennst du auch daran, dass der Garten wie ein Abenteuerspielplatz aussieht, um den Welpen so viel Eindrücke wie möglich zu bieten. Du siehst, es gibt viel zu tun mit deinem angehenden Blindenführhund. Mir bereitet es immer Freude, Welpen großzuziehen und es ist immer wieder faszinierend für mich, wie schnell diese kleinen Fellknäuel doch lernen.

Auf einem so wackligen Brett zu stehen erfordert schon ganz viel Mut.

Der Wesenstest

Nicht nur die sogenannten „Listenhunde“ und „Problemhunde“ müssen sich laut Gesetz einem Wesenstest unterziehen, auch der angehende Blindenführhund muss sich laut Qualitätskriterien für Blindenführhunde solch einer Prüfung unterziehen. Sie ist Pflicht und du musst diesen Wesenstest deines Ausbildungshundes auch bei der Krankenkasse vorlegen und nachweisen.

Ich lasse meine Hunde zwischen dem 12. – 15. Lebensmonat prüfen.

Hierbei wird folgendes geprüft:

Verhalten des Hundes im ablenkungsarmen Bereich oder Grünanlage:

- kontrolliertes Gehen an der Leine
- Leinenführigkeit
- Verweilen (Sitz, Platz, Fuß)
- Begegnung mit Joggern, Skatern oder Radfahrern
- Begegnung mit fremden Menschen
- Passieren eines fremden Hundes in angemessenem Abstand
- Begegnung mit anderen Tieren
- Begegnung mit Kindern
- Begegnung mit Kinderwagen / Rollstuhl / Menschen mit Krücken / Regenschirm
- Verhalten im Freilauf mit anderen Hunden

Verhalten des Hundes im städtischen Bereich:

- kontrolliertes Gehen an der Leine

- Besonderheiten: an stark befahrener Straße, beim Überqueren einer stark befahrenen Straße

- Begegnung mit Joggern, Skatern oder Radfahrern

- Begegnung mit Kindern

- Begegnung mit fremden Menschen

- Begrüßung des Hundehalters durch eine fremde Person

- Passieren eines fremden Hundes in angemessenem Abstand

Ich lasse meine Hunde von einer Tierärztin mit Schwerpunkt Verhaltenstherapie prüfen.

Du kannst dich auch an eine der folgenden Stellen wenden, um in Erfahrung zu bringen, wer in deinem Wohnort für eine Durchführung des Wesenstests zuständig ist.

In der Regel ist es das Ordnungsamt, Veterinäramt oder auch Tierärzte, die ein fundiertes Wissen zu allen Aspekten des Hundeverhaltens besitzen und dieses durch erfolgreiche Weiterbildungen nachweisen.

Die Gesundheit

Die angehenden Blindenführhunde müssen frei von Hüftgelenksysplasie, Ellenbogendysplasie und Augenkrankheiten sein, bevor sie die Ausbildung starten. Auch der gesamte Bewegungsapparat sowie der Allgemeinzustand sollte keine Auffälligkeiten zeigen.

Hüftgelenksdysplasie

Bei der Hüftgelenksdysplasie, kurz HD, steht der Hüftgelenkkopf nicht richtig in der Hüftgelenkspfanne, die u.a. zu flach ausgebildet ist. Es gibt verschiedene Schweregrade, bei denen die Beschwerden des Hundes von „fast nicht spürbar“ bis zu schweren Behinderungen beim Laufen und Bewegen reichen. In den meisten Fällen werden später auch Arthrosen ausgebildet, die zu einer Verschlimmerung der Beschwerden im Alter führen.

Bis 2002 wurde ein **Gesamtergebnis** für beide Hüften ermittelt. Anfangs mit Zahlen, dann mit Buchstaben.

0 = frei, 1 = Verdacht, 2 = leicht, 3 = mittel, 4 = schwer

Hier bleibt festzustellen, dass selbst Hunde mit 3 nur mäßige Beschwerden im Alter hatten.

Heute werden beide Hüftwerte getrennt ermittelt und statt Zahlen werden Buchstaben **und** Zahlen verwendet, um das Ergebnis noch genauer darzustellen.

A1 und A2 = frei, B1 und B2 = Verdacht / Übergang, C1 und C2 = leicht, D1 und D2 = mittel, E1 und E2 = schwer

Es kann also ein Ergebnis A1 / C1 vorkommen, welches bedeutet, dass eine Hüfte ganz normal entwickelt ist, während die andere nicht in Ordnung ist.

Ellenbogendysplasie

Bei dieser Erkrankung kommt es in den Ellenbogengelenken der Vorderbeine zu Fehlentwicklungen im Knorpelwachstum. Kleine Splitter können sich lösen und im Gelenk wandern. Dies führt zu weiteren Schäden und auch zu entzündlichen Erkrankungen, bei denen der Hund große Schmerzen hat. Auch hier erfolgt die Auswertung für beide Ellenbogen getrennt, der Schweregrad wird mit römischen Zahlen dargestellt.

0 = frei, I = leicht, II = mittel, III = schwer

Der Erbgang für beide Erkrankungen ist noch nicht geklärt. Sicher ist allerdings, dass diese sowohl vererbt als auch erworben werden können und dass sich Genetik, Ernährung und Haltung beeinflussen.

Ich lasse meine Junghunde das erste Mal mit einem halben Jahr auf HD und ED röntgen, um hier schon ausschließen zu können, dass eventuell eine Krankheit vorliegt. Damit spare ich mir Zeit und Aufwand und vor allem kann der Hund dementsprechend präventiv behandelt werden, falls in der Röntgenaufnahme eine Dysplasie bestätigt wird oder die Wirbelsäule nicht in Ordnung ist. Auch mit dem Bewusstsein, dass der Hund hier eine zusätzliche Narkose im Laufe seines Lebens bekommt – alles hat seine Vor- und Nachteile. Schlimmer fände ich es, dem Hund aus Nichtwissen eine medizinische Versorgung zu untersagen. Natürlich ist das keine Garantie, aber hier können schon mal eine massive Hüftdysplasie, ein Verdacht auf Hüftysplasie oder andere Erkrankungen ausgeschlossen oder bestätigt werden. Ab dem 12. Lebensmonat lasse ich meine zukünftigen Führhunde nochmals röntgen.

Augenerkrankungen

Der zukünftige Blindenführhund sollte außerdem ab dem 12. Lebensmonat auf folgende erbliche Augenerkankungen geprüft werden:

- Membrana Pupillaris Persistens (MPP)
- Persistierende hyperplastische Tunica vasculosa lentis / Persistierender hyperplastischer primärer Vitreus (PHTVL / PHPV)
- Katarakt kongenital / nicht kongenital
- Netzhautdysplasie (Retinadysplasie)
- Hypoplasie des Sehnervs / Mikropapille
- Collie Augenanomalie (CEA)
- Entropium / Ektropium
- Distichiasis / Ektopische Zilien
- Korneadystrophie
- Linsenluxation
- Progressive Retinaatrophie (PRA)

Die Untersuchung kannst du in einer Augenklinik machen lassen oder bei einem Tierarzt, der die Geräte und Zulassung für diese Untersuchung hat. Laut den Qualitätskriterien für Blindenführhunde des GKV-Spitzenverbandes (s. S. 66 / 67) muss der angehende Blindenführhund frei von erblichen Augenkrankheiten sein. Diese Untersuchung wird von der Krankenkasse angefordert und muss auch nachgewiesen werden. Hierbei handelt es sich um die gleichen erblichen Augenerkrankungen, deren Ausschluss auch die meisten Zuchtverbände vorschreiben.

Bevor der Blindenführhund zu seinem zukünftigen Menschen kommt, wird noch eine Abschlussuntersuchung vom Tierarzt durchgeführt. Hierbei werden das Blutbild, der Nierenstatus und der Allgemeinzustand untersucht. Dieser Befund darf auch nicht älter als drei Monate bei der Übergabe des Hundes sein. Der zukünftige Blindenführhund muss vor der Übergabe auf dem aktuellen Impfstatus und kastriert sein.

Die Kastration

Da wären wir schon beim Thema Kastration und hier gehen die Meinungen auseinander. Ich persönlich würde meinen Privathund niemals kastrieren, außer aus gesundheitlichen Gründen. Außerdem ist eine Kastration ohne „guten Grund" sogar ein Verstoß gegen das Tierschutzgesetz. Ich habe schon so viele Hunde erlebt, die nach der Kastration ein völlig anderes Verhalten gezeigt haben, und das war nicht immer zum Positiven. Gerade bei Hündinnen kann es nach der Kastration zur Inkontinenz kommen, leider ist das bei einem meiner Ausbildungshunde auch schon vorgekommen. Hunde, die in ihrem Verhalten noch Unsicherheiten zeigen und genau in dieser Phase kastriert werden, bleiben oft in ihrem Verhalten stehen und haben keine Chance mehr, sich weiterzuentwickeln. Das empfinde ich als sehr traurig und dem Hund wird somit ein stressfreies Leben verwehrt. Es gibt Schulen, die ihre Hunde schon ab dem sechsten Lebensmonat kastrieren – unglaublich, aber wahr.

Nun ist es leider so, dass laut Qualitätskriterien des GKV-Spitzenverbands (s. S. 66/67) Blindenführhunde kastriert werden müssen. Nach meinen neuesten Erkundigungen kann der Blindenführhund auch chemisch mit einem Chip kastriert werden, das ist allerdings auch nicht besser, da hier auch ein massiver Eingriff in den Hormonhaushalt stattfindet.

Im neuen Assistenzhundegesetz steht die Kastration als Empfehlung – allerdings gilt dies nicht für den Blindenführhund, so wurde es mir zumindest mitgeteilt. Ich hoffe, dass sich dies auch in naher Zukunft ändern wird. Hier müsste allerdings auch ein Umdenken der Führhundhalter stattfinden. Die meisten möchten noch, dass ihre Hunde kastriert sind, aber ich denke, mit genügend Aufklärung und den nötigen Managementmaßnahmen wäre es zu schaffen, diesen massiven Eingriff in den Körper des Hundes zu vermeiden. Es geht hier schließlich um das Tierwohl!

Patenfamilien

Die Patenfamilien sind Familien und Einzelpersonen, die ihre Zeit ein Jahr lang ehrenamtlich dem zukünftigen Blindenführhund widmen. Sie betreuen einen Welpen in seinem ersten Lebensjahr und bereiten ihn auf das Leben als Blindenführhund vor. Du als Führhundschule bist verpflichtet, alle Kosten des Hundes in der Zeit der Aufzucht bei der Patenfamilie selbst zu tragen.

Das sind z. B.:

- Futter
- Tierarztkosten
- Zubehör (z. B. Leine, Halsband, Spielzeug usw.)
- Hundeschulstunden
- Beitrag zur Hundehaftpflichtversicherung

Der angehende Blindenführhund ist von der Hundesteuer befreit, hierzu musst du allerdings bei der zuständigen Gemeinde versichern, dass der Hund rein zu Ausbildungszwecken dient und später als Blindenführhund eingesetzt werden soll.

Vorteile einer Patenfamilie

Wenn du deine zukünftigen Ausbildungshunde von Paten großziehen lassen möchtest, hast du natürlich mehr Zeit für deine Ausbildungshunde, da ein Welpe ziemlich viel Betreuung in Anspruch nimmt. Außerdem hast du mehr Platz für andere Ausbildungshunde und rein finanziell betrachtet hast du in der Zeit der Aufzucht des zukünftigen Blindenführhundes keine Einnahmen, da du erst nach bestandener Gespannprüfung von der Krankenkasse dein Geld bekommst. Also macht es so gesehen Sinn, deine zukünftigen Ausbildungshunde von Paten aufziehen zu lassen.

Hört sich so weit gut an, nicht wahr? Ich möchte dir aber im nächsten Abschnitt erklären, warum ich von dem Konzept Patenfamilien abgekommen bin und dieses Konzept für mich nicht mehr in Frage kommt.

Nachteile einer Patenfamilie

Paten sind keine Blindenführhundtrainer und ich finde es fatal, diese so wertvolle Zeit vom Welpen zum Junghund in unerfahrene Hände zu legen. Ich als Trainerin weiß genau, welche Aufgaben auf den zukünftigen Blindenführhund zukommen und möchte diese kostbare Zeit nicht verschwenden. Es liegt an mir und in meiner Verantwortung, den Welpen und später dann Junghund liebevoll und mit all meinem Trainingswissen auf diesen so anspruchsvollen Job und auf das Leben da draußen vorzubereiten. Es ist so wichtig, dass die zukünftigen Blindenführhunde ein stabiles Grundgerüst besitzen, auf das sie später in der Führarbeit zurückgreifen können und dass sie eine fundierte Ausbildung durchlaufen – und das schon von Welpen an. Somit kann ich mich von Anfang an auf Verhalten, ob erwünscht oder unerwünscht, einstellen, und dadurch effektiver trainieren und eine optimale Ausbildung des Hundes garantieren.

Ich kann hier auch nur wieder aus meiner langjährigen Erfahrung berichten: Es ist wirklich mehr als ärgerlich, seinen zukünftigen Ausbildungshund aus der Patenfamilie mit Themen wie etwa Anspringen, Leinenaggression, hohe Erregbarkeit, Unsicherheit in der Stadt und so weiter zurückzubekommen. Und da kann noch so eine engmaschige Betreuung der Paten von dir stattfinden – es ist nunmal so, und das ist absolut liebevoll gemeint, dass Paten eben keine Experten sind, was das Training von zukünftigen Blindenführhunden angeht.

Natürlich kannst du diese Themen trainieren, sei dir allerdings bitte bewusst, dass das bei dir als Trainer funktionieren wird, weil du vieles managen kannst, vorausschauend bist und genau weißt, was du bewusst und unbewusst an Verhalten verstärken kannst. Allerdings kann das der zukünftige Führhundhalter aufgrund der Erblindung oder Sehbeeinträchtigung nur eingeschränkt. Das (aus Menschensicht) unerwünschte Verhalten wird früher oder später an der Oberfläche kratzen und der Hund wird wieder in sein altes Muster fallen und somit auch keinen guten Job leisten können.

Also treffe deine Entscheidung weise, denn wenn dein Hund aus den oben genannten Gründen aus der Ausbildung rausgenommen werden muss, ist es nicht nur schade um den Hund, sondern auch um den finanziellen Verlust, den du dadurch erlitten hast.

Die Welpenausbildung

Laut Qualitätskriterien der Blindenführhunde des GKV-Spitzenverbands (siehe S. 66 / 67) beginnt die eigentliche Ausbildung zum Blindenführhund ab dem 15. Lebensmonat – ich persönlich kann das so nicht bestätigen. Wo fängt denn die Ausbildung zum Führhund an? Wenn ich den Hund das erste Mal ins Führgeschirr nehme, bei der Signaldiskriminierung oder schon beim Üben der Leinenführigkeit? Ich kann nur sagen, dass ich von Tag eins den Welpen auf seinen Job als angehenden Blindenführhund vorbereite. Das Ausbilden von Blindenführhunden ist so viel mehr, als „nur" das Verhalten im Führgeschirr zu trainieren.

Das Wichtigste, was der Welpe als erstes bei mir lernt, ist: Ruhe bewahren, egal in welcher Situation. Ruhe ist so wichtig für die angehende Blindenführhunde! Ruhe kann ich schon früh fördern, indem ich den Hund zum Beispiel nur streichle, wenn seine vier Pfoten auf dem Boden sind oder stehenbleibe, wenn mein Hund in die Leine beißt oder gar mich anspringt. Ich warte ab, bis mein Hund mir ein ruhiges Verhalten zeigt und belohne dieses durch Streicheln, eine gute Emotion, Weitergehen oder ein Leckerchen. Ich „fange" also ruhiges Verhalten ein. So belohne ich meine Hunde zum Beispiel immer, wenn sie sich unaufgefordert hinlegen – die Liste lässt sich noch ewig weiterführen. Ruhe ist das Grundgerüst, auf dem du aufbaust, und wenn es nicht stabil ist, wird dein Hund niemals ein guter Führhund werden, der seine Menschen mit Gelassenheit durch den Alltag führen wird. Also verschlafe nicht diese wertvolle Zeit, denn das ist dein Kapital – was du jetzt versäumst, wirst du nicht mehr nachholen können und vorbeugen ist besser als heilen.

Ich achte bei jedem meiner Welpen darauf, sie achtsam und behutsam auf die Welt da draußen vorzubereiten und sie auch mit unangenehmen Erlebnissen vorsichtig bekannt zu machen, denn das Leben als Blindenführhund ist jeden Tag eine Herausforderung und manchmal auch sehr gefährlich – schon allein das Fahren mit öffentlichen Verkehrsmitteln ist oft stressig genug für die Hunde. Es ist eng und laut, da sind viele Menschen und vor allem auch solche, die keine Rücksicht nehmen. Es ist schon mehrmals passiert, dass ein Fahrgast dem Hund versehentlich auf die Rute oder Pfote getreten hat. Selbst das übe ich sehr kleinschrittig mit dem Hund. Ich fange zum Beispiel damit an, dass ich ihn, wenn er bei mir im Wohnzimmer liegt, mit meinem Fuß leicht auf der Pfote berühre. Das markere ich sofort und er bekommt ein Leckerchen. Dann erhöhe ich Schritt für Schritt den Druck meiner Fußberührung, bis ich zum Schluss (natürlich ohne Schuhe) bewusst auf die Pfote trete. Ich weiß, das liest sich echt gemein, doch wisse bitte, wenn ich es gar nicht trainiere, kann es sein, dass der Hund vor lauter Schreck zuschnappt. Also trainiere ich auch das Worst-Case-Szenario. Außerdem finde ich es sehr unfair gegenüber dem Tier, solche Sachen nicht zu trainieren. Sie passieren nun mal im wirklichen Leben und ich kann im Außen nichts ändern – daran, wie meine Hunde damit umgehen, allerdings schon. Es ist meine Verantwortung und Aufgabe, die Hunde auf all das vorzubereiten, damit sie später in ihrem emotionalen Gleichgewicht bleiben. Und deshalb muss ich auch die Dinge trainieren, die sich für mich in diesem Moment selbst nicht gut anfühlen, dennoch weiß ich, dass ich damit meinen Hund vor einem unguten Gefühl schützen kann.

Für mich ist es nicht primär wichtig, dass meine Welpen Sitz oder Platz können. Dieses Verhalten kann ich auch später noch mit Schnelligkeit trainieren und witzigerweise können all meine Welpen Sitz oder Platz – nicht, weil ich es explizit trainiere, sondern weil ich sie für Ruhe belohne, und das tue ich nur dann, wenn sie alle vier Pfoten auf dem Boden haben, sei es im Sitzen oder Liegen.

Für mich ist es wichtig, den Welpen an die Welt des Blindenführhundes zu gewöhnen. Dazu gehören zum Beispiel kleine Ausflüge in die Stadt, bei denen der Welpe den Straßenverkehr kennenlernt oder Treppenlaufen. Der Welpe sollte zwar bis zum 12. Lebensmonat so wenig wie möglich Treppen laufen, wenn ich dies aber gar nicht übe, hat der Hund später Probleme beim Treppensteigen. Also übe ich dies mit meinen kleinen Welpen dosiert und gezielt, ohne ihnen gesundheitlichen Schaden zuzufügen.

Um es auf den Punkt zu bringen: Ich nehme meine Welpen überall mit hin – ob es der Friseur, der Bäcker, das Geschäft, das Café, der Bahnhof oder der Pferdestall ist, mein Welpe ist immer dabei. So kann ich ihn gezielt an (fast) jede Umgebung gewöhnen, damit er seinen Menschen später souverän durch jegliche Situation führen kann.

Ich übe auch schon das Anzeigen von Bordsteinkanten mit meinen Welpen. Ich kann es gut spielerisch in meine Stadtgänge mit einbauen. Die Welpen haben so viel Freude beim Lernen und ich auch! Wichtig dabei ist natürlich, immer so zu trainieren, dass der Welpe nicht überfordert wird. Das ist das Schöne an der positiven Verstärkung: Die Hunde merken gar nicht, dass sie trainiert werden, denn es macht einfach nur Spaß!

Früh übt sich

Das übe ich mit meinem Welpen in der Zeit, bis es tatsächlich mit 15 Monaten an die eigentliche Führarbeit geht:

- *Name*
- *Ruhe*
- *Sitz*
- *Platz*
- *Leinenführigkeit*
- *Rückrufsignal*
- *Leckerchen vorsichtig nehmen*
- *stationäres Nasentarget*
- *stationäres Kinntarget*
- *Anzeigen von Bordsteinkanten*
- *Handlingübungen*
- *Tierarztbesuch*

Die Welpenschule

Ich besuche mit meine angehenden Blindenführhunden keine Welpenschule. Warum nicht? Weil es in meiner Nähe keine gute gibt. Und ich möchte lieber keine Welpenschule besuchen als eine schlechte. Die meisten Welpenstunden finden auf dem Hundeplatz statt, wo sich 8 – 15 Welpen jeglicher Rasse tummeln. Wie oft habe ich schon erlebt, dass ein kleiner Welpe von einem anderen Welpen überrollt, gemobbt oder ständig gejagt worden ist. Hierbei lernt der Welpe nichts Gutes. Ich selbst habe es früher leider genauso praktiziert, aber mit meinem heutigen Wissen und Bewusstsein würde ich so nie wieder Welpenstunden abhalten. Heute würde ich nicht mehr als vier Welpen in eine Gruppe nehmen, die Welpen nach Rassen trennen – also die kleinen Rassen und die großen Rassen zusammen. Ich würde viel mehr Ausflüge in die Stadt oder in Parks unternehmen und die Halter schulen, wie sie mit ihrem Welpen umgehen sollen, wenn Situation XY eintrifft. Und ich würde vor allem mehr Ruhe mit den kleinen Fellkindern üben, anstatt sie „nur“ wahllos spielen zu lassen. Das bedeutet erst an der Leine Ruhe halten – es genügt mir schon, wenn alle vier Pfoten auf dem Boden sind und die Leine durchhängt. Danach können sie abgeleint werden, um zu spielen. Spielen ist wichtig, aber Ruhe halten genauso.

In einer guten Welpenstunde werden nur Hunde unter Aufsicht zusammen gelassen, die in Größe und Alter zusammenpassen.

Meine Welpen haben auch so genügend Sozialkontakte – ich habe so viel Freunde und Kolleginnen, die alle Hunde haben, auch oft Welpen. Wir gehen gern gemeinsam spazieren, damit mein Welpe mit Artgenossen spielen kann und mindestens drei Mal in der Woche einen netten Hundekontakt hat. Wie oft habe ich schon gehört: „Aber wenn du keine Welpenspielstunde besuchst, wird dein Welpe ja gar nicht sozialisiert." Ganz im Gegenteil – meine Welpen erfahren mehr Sozialisierung als in einer Welpenstunde, die man nur einmal in der Woche besucht. Ich bereite sie auf das Leben vor, und das passiert nun mal nicht auf dem Hundeplatz, sondern draußen vor meiner Tür.

Die Qualitätsanforderungen an den Blindenführhund

Der Spitzenverband Bund der Krankenkassen, kurz GKV-Spitzenverband, ist die zuständige Institution für die Erstellung eines Hilfsmittelverzeichnisses für blinde Menschen nach § 139 V Sozialgesetzbuch. Sie hat neben den diversen technischen Hilfsmitteln unter „Produktgruppe 10, Untergruppe 07.99.09" auch das Hilfsmittel Blindenführhund beschrieben und definiert. Die gesetzlichen Krankenkassen orientieren sich bei ihrer Leistung, sprich der Versorgung der blinden Menschen mit Hilfsmitteln, an den Vorgaben der GKV. Diese hat mit Stand von 2018 folgende Qualitätsanforderungen an den Blindenführhund festgelegt (siehe folgende Seite, Quelle: gkv-spitzenverband.de).

!

Ich selbst bilde nur Hunde aus, die völlig frei von Hüftdysplasie und Ellenbogendysplasie sind, auch wenn es zugelassen ist. Hunde mit Verdacht auf Hüftdysplasie oder Ellenbogendysplasie kommen für die Ausbildung für mich nicht in Frage. Erstens möchte ich vermeiden, dass der Hund im Laufe seiner Führarbeit doch Beschwerden bekommt, denn diese Hunde müssen mehr leisten als ein Familienhund, und zweitens kann es, falls der Hund im Laufe der Jahre doch Beeinträchtigungen zeigt, durchaus sein, dass unter den Führhundhaltern publik gemacht wird, dass du kranke Hunde ausbildest.

Anforderungen an den Hund

- *Für die Aufnahme in die Blindenführhundausbildung sind grundsätzlich nur Hunde vorzusehen, die mindestens 15 Monate und höchstens 2 Jahre alt sind.*

- *Die Schulterhöhe des Hundes soll zwischen 50 und 70 cm betragen. Das Körpergewicht des ausgewachsenen Hundes soll 40 kg nicht überschreiten. Geringfügiges Über- bzw. auch Unterschreiten ist zu tolerieren, wenn der Hund ansonsten die gewünschten charakterlichen Eigenschaften erfüllt. Hund und Führhundhalter sollten in Bezug auf ihre körperlichen Voraussetzungen korrelieren. Einen Anspruch auf eine bestimmte Rasse hat der Führhundhalter nicht.*

- *Zur Ausbildung sollten nur friedfertige, intelligente, wesensfeste, nervenstarke, arbeitsbelastbare, gut sozialisierte, gesunde Junghunde mit hoher Frustrationstoleranzgrenze und geringer emotionalerer Erregbarkeit, wenig territoriale, nicht sozial expansive, kaum jagdlich interessierte Individuen verwendet werden.*

- *Die grundsätzliche charakterliche Eignung des Hundes für die Ausbildung zu einem Blindenführhund soll vor der Ausbildung durch dafür qualifizierte Tierärzte/innen oder einen / einer Gespannprüfer/in ermittelt werden.*

- *Hunde, die als Blindenführhunde ausgebildet werden, dürfen nicht aus einer Massenzucht, vom gewerblichen Tierhandel (ausgenommen Züchter) oder von Tierheimen stammen oder erworben worden sein. Die Herkunft des Hundes muss durch den Führhundausbilder zweifelsfrei nachgewiesen werden.*

- *Der vom Führhundausbilder zu liefernde Herkunftsnachweis des Junghundes muss beinhalten, ob der Hund einen Jagd- oder eine Schutzhundeausbildung vor Aufnahme der Blindenführhundausbildung hat. Dies ist zweifelsfrei auszuschließen.*

- *Für die Ausbildung zum Blindenführhund kommen sowohl Rassehunde als auch Mischlingshunde männlichen oder weiblichen Geschlechts in Betracht. Rassetypisch zur Aggressivität neigende Hunde sowie aggressive Junghunde sonst eher friedlicher Rassen dürfen nicht als Blindenführhunde ausgebildet werden. Zudem sollten sie aufgrund ihrer äußerlichen Erscheinung keine Erschwernisse oder Auflagen durch ihre Haltung mit sich bringen (Zugang zu bestimmten Örtlichkeiten und Angstreaktionen bei anderen Menschen). Ein Anspruch des Blinden / der Blinden oder Sehbehinderten auf eine bestimmte Rasse besteht grundsätzlich nicht.*

- *Der Junghund ist so früh wie möglich (vor der Aufnahme der Führhundausbildung) einem Wesenstest zu unterziehen und aus tierärztlicher Sicht zu untersuchen, ob die Grundvoraussetzungen für eine spätere Ausbildung, Einsatz und Leben als Blindenführhund gegeben sind.*

- *Der Hund soll als Welpe bis zur Ausbildung im engen Verbund mit Menschen aufgewachsen und entsprechend mit Menschen, Artgenossen und anderen Tieren sozialisiert und umfassend an Umweltreize habituiert (gewöhnt) sein. Das kann in einer Patenfamilie, aber auch in einer geeigneten Hundeschule gewährleistet sein.*

- *Vor Aufnahme in die Blindenführhundausbildung muss durch ein tierärztliches Attest, das nicht älter als drei Monate sein darf, die Gesundheit des Hundes, der zum Zeitpunkt der Untersuchung mindestens ein Jahr alt sein muss, nachgewiesen sein. Er muss insbesondere über eine intakte Wirbelsäule (z. B. frei von Kompression des Rückenmarks), intakte Gelenke, frei von Hüft-/Ellbogendysplasie (HD / ED) oder anderen Gelenkerkrankungen, wie z. B. die Osteochondrosis Dissecans (OCD) und Augenkrankheiten (z. B. progressive Retina – Atrophie), Herz-/ Kreislauferkrankungen) sein.*

- *Hunde mit dem Befund „HD-Verdacht" können zugelassen werden, wenn unmittelbar vor der Ausbildung von einem Tierarzt im Hinblick auf Gebäude, Bemuskelung und einwandfreien Lauf – erforderlichenfalls auch röntgenologisch – untersucht und dafür unbedenklich erklärt worden sind.*

- *Der Hund ist vor Abgabe an den künftigen Halter zu kastrieren.*

Die Einhaltung der Kriterien wird am Ende von zwei unabhängigen Gespannprüfern geprüft bzw. die entsprechenden Dokumente und Nachweise müssen vor der Gespannprüfung vorgelegt werden.

4. Was muss der Führhund können?

Die GKV regelt auch die Qualitätsanforderungen an die Führhundausbildung, denn Blindenführhunde sind Hilfsmittel im Sinne des § 33 SGBV und sollen einer blinden oder hochgradig sehbehinderten Person eine gefahrlose Orientierung sowohl in vertrauter als auch in fremder Umgebung ermöglichen. Das bedeutet, dass alle zukünftigen Blindenführhunde die gleichen Kriterien erfüllen müssen, die in der Gespannprüfung (s. S. 177) verlangt und geprüft werden. Es ist also völlig egal, ob der oder die zukünftige Führhundhalter/in auf dem Land oder in einer Großstadt, wie z. B. Hamburg, lebt.

Qualitätsanforderungen an die Führhundausbildung gem. GKV

Auch die Einhaltung der Qualitätsanforderungen (siehe Kasten Seite gegenüber) wird überprüft, und zwar zum einen im Rahmen der Präqualifizierung (s. S. 29) und bei der Gespannprüfung (s. S. 177).

Nun stellst du dir bestimmt die Frage, wie du alles umsetzen kannst, um diesen Anforderungen gerecht zu werden. Vor allem solltest du gute Grundkenntnisse im Training mit positiver Verstärkung haben und dir über die Gesetze des Lernens im Klaren sein. Begriffe wie das Matching Law, Belohnungsrate, variables Belohnen usw. sollten dir geläufig sein, ebenso solltest du wissen, was klassische und operante Konditionierung bedeuten, damit du nach dem neuesten wissenschaftlichen Stand bzw. moderner Lerntheorie, wie oben laut GKV vorgeschrieben, ausbilden kannst. Allerdings behaupte ich, dass sich die wenigsten Führhundschulen daran halten.

Um das Lernziel von ca. 40 – 70 Signalen zu erreichen, brauchst du einen guten Plan: Welche Basics trainierest du zuerst, wie legst du fest, wann es weitergeht, wie ein Verhalten auf dem anderen aufbaut und so weiter.

Qualitätsanforderungen

1. *Die Ausbildung eines Hundes zum Blindenführhund muss unter Beobachtung der einschlägigen Normen und/oder Gesetze zur Tierzucht, Tierhaltung, Tierunterbringung und Tierausbildung, insbesondere unter Beachtung des deutschen Tierschutzgesetztes erfolgen. Für die Ausbildung zum Blindenführhund sind die dem aktuellen Stand der Wissenschaft und den Lerntheorien entsprechenden Methoden anzuwenden. Den Bedürfnissen des Hundes muss bestmöglich Rechnung getragen werden. Erkenntnisse über das Verhalten von Hunden sowie artgerechte Mittel und Methoden der Hundeerziehung und Methoden des Hundetrainings müssen handlungsleitend sein. Tierschutzwidrige Mittel und Methoden wie der Einsatz von „Starkzwang" (z. B. Verwendung eines Stachel-/Würgehalsbands, Schläge, Applikationen von Stromschlägen etc.) sind nicht zulässig. Es ist zudem nicht zulässig zu versuchen, Lernziele zu erreichen, indem der Hund erschreckt oder in Angst versetzt wird.*

2. *Eine sachgerechte Verwendung des Blindenführhundes setzt voraus, dass der Blindenführhund zum künftigen Halter passt. Deshalb ist bereits bei der Ausbildung des Hundes den individuellen Beeinträchtigungen des künftigen Halters möglichst Rechnung zu tragen.*

3. *Der Blindenführhund soll in der Lage sein, dem blinden oder hochgradig sehbeeinträchtigten Versicherten seine durch die Beeinträchtigung eingeschränkte Mobilität und Orientierung außer Haus wesentlich zu verbessern.*

4. *Der Blindenführhund soll nach abgeschlossener Ausbildung selbständig in der Lage sein, im „Gespann" mit dem Führhundhalter und in Verantwortung des Führhundhalters sicher durch den allgemeinen Verkehr außerhalb des häuslichen Bereichs zu führen. Dabei muss der Blindenführhund auf die antrainierten der 40 bis 70 gängigsten verbalen Hörzeichen bzw. Signale des Führhundhalters reagieren. Er sollte die Führleistung gemäß dem Katalog der Führleistungen des Deutschen Blinden- und Sehbehindertenverband e.V. (DBSV) oder entsprechender Kataloge erbringen.*

5. *Er soll den Führhundhalter vor eventuell auftretenden Gefahren rechtzeitig warnen (z. B. durch Stehenbleiben) und schützen (z. B. durch Querstellen). Im Einzelfall muss sich der Führhund deshalb auch den Hörzeichen bzw. Signalen des Führhundhalters aktiv widersetzen (intelligenter Ungehorsam). Der Blindenführhund soll den Führhundhalter z. B. vor Verkehrsmitteln, Treppen, Türen oder Hindernissen (auch auf Kopfhöhe des blinden Menschen) warnen und z. B. Fahrbahnübergänge, freie Sitzgelegenheiten, Ein- und Ausgänge, Fahrstühle, Treppen, Haltestellen oder Briefkästen aufsuchen können.*

6. *Die Dauer der Ausbildung ist abhängig von der individuellen Lernbereitschaft und dem Lernvermögen des jeweiligen Hundes, der Kompetenz des Ausbilders sowie der Teamzusammenarbeit von Ausbilder und Hund. In der Regel beträgt sie durchschnittlich 6 – 8 Monate. Eine Über- und Unterschreitung der Ausbildungsdauer ist in begründeten Einzelfällen möglich. Es ist eine für die Ausbildung notwendige Anzahl an Stunden im Führgeschirr vorzusehen.*

Meine Basics für das Grundlagentraining

Ich setze hier voraus, dass der Hund leinenführig ist und von dir an das Führgeschirr gewöhnt wurde. Ich würde niemals einen Hund ins Führgeschirr nehmen, der nicht die Leinenführigkeit beherrscht. Du machst es dir sonst unnötig schwer! Dein Hund wird auch im Führgeschirr damit beschäftigt sein, schnüffeln zu wollen und sich sehr schnell von der Außenwelt ablenken lassen – und damit kann er sich nicht auf die eigentliche Aufgabe konzentrieren. Außerdem baust du dir so schon Fehlerquellen in das Training im Führgeschirr ein, die völlig unnötig und vermeidbar sind. Deshalb übe zuerst die Leinenführigkeit. Denn das Führgeschirr ist sozusagen das Signal „Führmodus" für deinen Hund oder besser ausgedrückt, die Arbeitskleidung, also verderbe dir es nicht damit, dass du es ständig im Alltagstraining anziehst, so lange noch das Risiko grundlegender Fehler, wie Ziehen an der Leine besteht.

Hier nun die Basics für das Grundlagentraining der Führarbeit:

Voran	*Losgehen und Führen im Führgeschirr*
Bordsteinkanten	*Anzeigen von flachen und hohen Bordsteinkanten (der Hund zeigt mit den Vorderpfoten die Kante an und bleibt stehen)*
Rüber	*Überqueren von Straßen*
Weiter	*Signal, wenn der Hund nach dem Überqueren der Straße sowie dem Anzeigen der Bordsteinkante weitergehen soll oder selbstständig angehalten hat und seinen Weg selbstständig suchen muss, z. B. an Baustellen. Hier gebe ich anfangs noch Hilfestellung, da dies zu Beginn der Ausbildung noch zu schwer für den Hund ist.*
Links und rechts	*Richtungsänderung nach links und rechts*
Links an Bord	*Aufsuchen und Anzeigen einer auf der linken Seite befindlichen Bordsteinkante in jeglicher Höhe (hoch, abgesenkt und flach) mit den Vorderpfoten auf der Kante*
Rechts an Bord	*Aufsuchen und Anzeigen einer auf der rechten Seite befindlichen Bordsteinkante in jeglicher Höhe (hoch, abgesenkt und flach) mit den Vorderpfoten auf der Kante*

Wie du diese Verhalten trainieren kannst, erfährst du beispielhaft ab S. 95 in den Trainingsplänen. Beachte aber, dass ich dir in diesem Buch nicht für jedes Verhalten alle einzelnen Trainingsschritte vorgeben kann. Das würde zum einen den Rahmen des Buchs sprengen und zum anderen ist auch jeder Hund, jede Situation und damit jeder Trainingsaufbau gegebenenfalls anders. Du musst also deine eigenen Trainingspläne erstellen und immer wieder anpassen lernen. Das wird dir mit zunehmender Erfahrung immer leichter fallen! Es gibt zum Erstellen von Trainingsplänen übrigens auch gute Literatur, die du im Anhang findest.

Wenn dein Hund die oben aufgezählten Verhalten zu 80 % bei jeglicher Ablenkung zeigt, hast du schon die halbe Miete. Jetzt kannst du gut auf diesem Grundgerüst aufbauen, was die anderen Signale der Führarbeit angeht.

Überblick über alle Signale

Hier habe ich dir eine Gesamttabelle erstellt, damit du dir einen Überblick verschaffen kannst, welche Aufgaben ein zukünftiger Blindenführhund hat, um seinen Menschen sicher im Alltag führen zu können.

Signale ohne Führgeschirr

Fuß	*Hund sitzt links neben seinem Partner Mensch*
	Grundstellung
Leine	*Leinenführigkeit (Führhund geht ohne Führgeschirr locker an der Leine)*
Sitz	*An- und unangeleint*
Platz	*An- und unangeleint*
Steh	*An- und unangeleint*
Zurück	*Herankommen aus dem Freilauf*
Bleib	*In den Positionen Sitz, Platz mit Entfernung des Führhundhalters, mit und ohne Sichtkontakt*
Frei	*Der Hund ist abgeleint und kann sich frei bewegen bzw. spielen, schnüffeln*
Einsteigen	*Der sitzende Hund wartet bei geöffneter Tür auf das Hörzeichen „Einsteigen" und steigt dann in das Auto ein*
Aussteigen	*Der Hund wartet bei geöffneter Tür auf das Hörzeichen „Aussteigen" und steigt dann aus dem Auto aus*
Mach Pippi	*Der Hund versäubert sich an der Leine*

Führarbeit mit folgenden Signalen im Führgeschirr

Voran	*Losgehen und Führen*
Rüber	*Überqueren von Straßen*
Weiter	*in gleicher Richtung und Geschwindigkeit weitergehen, aber auch Abdrehen und Umgehen von Gefahrenstellen. Ebenso ist es das Signal, wenn der Hund nach dem Überqueren der Straße sowie dem Anzeigen der Bordsteinkante weitergehen soll.*
Langsam	*Geschwindigkeit verringern*
Hopp, hopp	*Geschwindigkeit erhöhen*
Rechts	*Richtungsänderung nach rechts*
Links	*Richtungsänderung nach links*
Kehrt	*Richtungsänderung umkehren*
Linksseits	*Führen auf der äußerst linken Straßenseite (z. B. auf gehweglosen Straßen)*
Rechtsseits	*Führen auf der äußerst rechten Straßenseite (z. B. auf gehweglosen Straßen)*
Rechts bzw. links Weg	*Der Hund führt in den nächstmöglichen Weg, der nach rechts bzw. nach links abzweigt*

Anzeigen von Nah- und Fernzielen im Führgeschirr

An Bord	*Aufsuchen und Anzeigen von Bordsteinkanten in jeglicher Höhe (hoch, abgesenkt und flach) mit den Vorderpfoten auf der Kante*
Links an Bord	*Aufsuchen und Anzeigen einer auf der linken Seite befindlichen Bordsteinkante in jeglicher Höhe (hoch, abgesenkt und flach) mit den Vorderpfoten auf der Kante*
Rechts an Bord	*Aufsuchen und Anzeigen einer auf der rechten Seite befindlichen Bordsteinkante in jeglicher Höhe (hoch, abgesenkt und flach) mit den Vorderpfoten auf der Kante*
Eingang	*Eingänge von Gebäuden und Verkehrsmitteln aufsuchen und anzeigen und sicher hindurchführen bzw. einsteigen*
Ausgang	*Ausgänge von Gebäuden und Verkehrsmitteln aufsuchen und anzeigen und sicher hindurchführen bzw. einsteigen*
Bank	*Sitzgelegenheit aufsuchen und anzeigen (mit dem stationären Kinntarget)*
Lift	*Aufzug aufsuchen und anzeigen (Nasentarget)*
Zebra	*Zebrastreifen aufsuchen und anzeigen*
Box	*Briefkasten aufsuchen und anzeigen (Nasentarget)*
Treppe	*Aufsuchen und anzeigen mit den Vorderpfoten an der ersten Kante*
Schalter	*Aufsuchen und anzeigen (mit Nasentarget, z. B. Kasse, Geldautomat, Post)*

Hindernisarbeit im Führgeschirr

Anzeigen und / oder sicheres Umgehen von Hindernissen z. B. Bodenhindernisse, Gräben, Pfützen, Laternen oder sonstige Pfosten, Leitern, Gerüste, Schranken, Absperrungen
Hindernisse in Kopfhöhe wie Schilder, Äste, Markisen, Gerüste usw.
Enge Passagen, Passanten
Rolltreppenverweigerung
Abgrundverweigerung z. B. beim Entlanglaufen an Bahnsteigen

Auch hier nochmals wie schon öfter erwähnt der Hinweis, dass ich dir keine Schritt-für-Schritt-Trainingsanleitungen für den Aufbau jedes dieser Verhalten / Signale geben kann, sondern nur Beispiel-Trainingspläne im nächsten Kapitel. Du kommst nicht umhin, dir deine eigenen Trainingspläne zu erstellen. Du wirst aber sehen, es wird immer leichter, je öfter du es machst!

Jetzt stellt sich nur noch die Frage, woher du weißt, ob dein Hund die vorher genannten 80 % beim Trainieren eines neuen Verhaltens erreicht hat. Ganz einfach – über Dokumentation! Ja ich weiß, das ist manchmal ziemlich nervig, aber auch das gehört zum guten Training dazu. Nur über Dokumentation weißt du genau, auf welchem Ausbildungsstand dein Hund ist. Außerdem ist es auch deine Pflicht, zu dokumentieren, da du deine Dokumentation vorweisen musst, wenn du dich als Führhundschule präqualifizieren möchtest.

Dokumentation

Um zu sehen, ob meine Ausbildungshunde Fortschritte machen oder um mein Training kritisch zu hinterfragen, komme auch ich nicht (denn ich bin in dieser Hinsicht sehr faul) drumherum, zu dokumentieren. Zumal es auch meine Pflicht ist, bei der Präqualifizierung die Dokumentation meines Trainings vorzulegen. Die muss ich nämlich nachweisen, wie schon oben erwähnt.

Blindenführhundtraining ist eine ziemlich komplexe Angelegenheit und oft genug tauchen noch Schwierigkeiten auf, die ich gar nicht eingeplant habe, da ich nun mal nicht im Labor trainiere, sondern im echten Leben. Ich trainiere also in einer Trainingssession nicht nur an einem einzigen Verhalten, sondern an x verschiedenen. Das bedeutet, dass ich mein eigenes Verhalten ständig ändern, Entscheidungen schnell treffen und mein Kriterium immer wieder variabel auf die Situation einstellen muss. Auch dies ist ein Grund dafür, wie schon gesagt, dass ich dir leider kein „Kochrezept zum Backen eines Blindenführhundes“ mit Schritten von 1 – 10 liefern kann.

Ich persönlich dokumentiere am liebsten frei, das heißt ich schreibe von Hand in ein Dokumentationsbuch, das in meinem Auto liegt und in dem ich jeden Trainingslauf dokumentiere. Bis jetzt hat es die Präqualifizierungsstelle so handschriftlich akzeptiert, ich bewahre die Bücher über mehrere Jahre auf, falls es mal zu einer Nachfrage zu einem Hund kommt. Das bedeutet natürlich, dass ich mir während des Trainingslaufs auch sehr viel merken muss, zum Beispiel: Wie viele Bordsteinkanten hat der Hund mit und ohne Hilfe angezeigt, wie oft konnte er links und rechts ohne Hilfe oder Fehler führen, und das nur auf Wortsignal oder noch mit Sichtzeichen? Konnte er trotz Umwelteinflüssen und Ablenkung sein erlerntes Verhalten noch prompt und sicher ausführen, ohne eine Gefahr für den Menschen darzustellen und so weiter. Mittlerweile kann ich das sehr gut, da ich es jeden Tag tue. Da diese freie Dokumentation nur für mich lesbar und verständlich ist, habe ich im Folgenden einige Beispiele dafür erstellt, wie eine Dokumentation im Blindenführhundtraining aussehen kann. Manche Trainer tun sich leichter damit, schon während des Trainings kurze Notizen oder Strichlisten zu machen, andere wiederum benutzen die Diktierfunktion eines Smartphones. Ich persönlich empfinde das für mich und meinem Hund eher hinderlich, denn der Lauf wird immer wieder unterbrochen und somit kommen wir aus dem Flow. Aber das darf jeder für sich selbst entscheiden.

Beispieldokumentation 1 (erstellt von Verena Weig)

Datum: 05.09.2022		**Hund:** Gustl		
Signale / Trainingsziele	**Ausführung**	**Locken ja / nein**	**Körpersignale**	**Überlaufen / anderes Verhalten**
Voran:	Gut / prompt			
Bordstein:	Ohne akustisches Signal			2 von 45
Links:			2 von 5	
Rechts:	Gut / prompt			
Rüber:	Gut / prompt			
Steh:				1x geschnüffelt von 10
Weiter:	Gut / prompt			
Seitenhindernis:	Gut / prompt			
Bodenhindernis:		Hilfestellung bei Stromkabel Markt		
An Bord:	Gut / prompt			
Rechts an Bord:	Gut / prompt			
Links an Bord:			2 von 8	
Eingang:	Gut / prompt			
Ampel:	Gut / prompt			
Treppe:	Gut / prompt			

Anmerkungen	
Bodenschnüffeln	1x
Hundebegegnung	Keine
Sonstiges	

Beispieldokumentation 2 (erstellt von Ositha Prögler)

Lille, KW 38. Schwerpunkte dieser Woche:

- Training im ruhigen Wohngebiet
- Ruhiges Verhalten beim Anzeigen von Bordsteinen: hohe, flache, weißen Linien, Untergrundwechsel vor Einfahrten
  - » Dabei achten auf ruhiges Stehen mit den Vorderpfoten
  - » Noch keine Dauer, sondern gleich weitergehen
  - » Anfang der Woche mit Futtertube, weil mit Trockenfutter aus der Hand sehr viel Bewegung in den Hund kommt
- Leckerchen vorsichtig nehmen
- promptes Ausführen von Steh, weiter, Voran

Schwerpunkt nächste Woche, KW 39:

- Training im ruhigen Wohngebiet
- Ruhiges Verhalten
- „Weiter"/„rüber" bei Blickkontakt nach vorne (mit eingekauft, dass ich deswegen länger an Bord stehen bleiben muss)
- „Steh"/„weiter" „Links"/„rechts" mit Wortsignal (um vom „mich angucken an Bordsteinkanten" besser wegzukommen und mehr Blickrichtung nach vorne zu bekommen)
- Treppe anzeigen

Datum	Dauer	Verhalten	Bemerkung
Sa, 17.09.2022	kein Training		
So, 18.09.2022	10 Uhr ca. 60 min.	Bord anzeigen, direkt weitergehen, Leckerchen vorsichtig nehmen, Füttern an Bord mit Tube	Noch mit Süßkartoffel-Futtertube
Mo, 19.09.2022	ca. 2,5 h	Liegen im Geschäft, 8 Hundebegegnungen, an Bord (Bordstein) Weiter, Steh, Vorsichtiges Leckerchen nehmen	Noch mit Süßkartoffel-Futtertube
Di, 20.09.2022	11 Uhr ca. 45 min., 15 Uhr ca. 45 min.	An Bord, Links / Rechts nur mit Sichtzeichen ohne Wort Treppe (zeigt in 70 % 2. Stufe an)	Noch mit Süßkartoffel-Futtertube
Mi, 21.09.2022	12:30 Uhr ca. 45 min., 15 Uhr ca. 40 min.	Treppe (zu 50 % 1. Stufe an bzw. beim 2. Anlaufen der Treppe), an Bord, Sichtsignal links / rechts klappt besser	Ohne Futtertube, hopst nach dem Click bei 1. Versuch der Futtergabe.
Do, 22.09.2022	2 x ca. 30 min.	An Bord, Signal „an Bord", Signal „Zebra", Treppe	Dito
Fr, 23.09.2022	1 x 45 min.	langes Stehen an Bord, Lauf zum Filmen (ohne Steh / Weiter, Treppe)	Dito, beim 2. Versuch der Leckerchengabe bleiben die Pfoten auf dem Boden. Heute Leckerchen anders gegeben wg. Filmen. Dabei in die Knie gegangen. ➔ Vorsichtigeres Leckerchen nehmen

Beispieldokumentation 3

Woche / Jahr	Hundename	Geschirr mit oder ohne
Woche 25 / 2021	Cilly	ohne

Trainingseinheit	Aufbau	1	2	3	4	5	6	Bemerkungen
Geschirr anziehen								
Sitz				x				
Platz				x				
Bleib				x				
Leinenführigkeit								
Fellpflege								
Autofahren / ein- und aussteigen								
Freilauf								
Abruf								
Bordsteinkante hoch								
Bordsteinkante niedrig								
Bord – nicht als solcher zu erkennen								
Weiter								
Steh				x				
Rüber								
Straße gerade überqueren								
Kehrt								
Links-weiter								
Rechts-weiter								

Trainingseinheit	Aufbau	1	2	3	4	5	6	Bemerkungen
Links an Bord								
Rechts an Bord								
Linksseits								
Rechtsseits								
Abstand zu Bordsteinkante								
Seitenhindernisse								
Höhenhindernisse								
Bodenhindernisse								
Abgrundverweigerung								
Straßensperrung								
Rolltreppenverweigerung								
Ampel								
Schalter								
Kasse								
Bank								

Beispieldokumentation von Nadine Wachtmeister

Dienstag, 20.09.2022, 16:00 bis 16:45, Einkaufsstraße bis Wohngebiete in Raesfeld, windig, kurzer Schauer

Zeigt alle Bordsteine (Tendenz: bei 30 % zu weit vorne mit den Pfoten)

Sicherheitsüberquerung: Zeigt 2 von 5 ohne Aufforderung korrekt (3 werden in zu grader Linie zum Weg angezeigt)

Seitenhindernis rechts v. Gespann: 1 Fehler von 11 (wadenhoher Bewuchs wurde nicht umlaufen)

Seitenhindernis links v. Gespann: 100 % (viele Mülltonnen), rüber (2x nach 2. Aufforderung, Überquert im Großen und Ganzen grade, vereinzelte Linkstendenz)

Zwei Hundebegegnungen (folgen im Abstand von 10 m, dann entgegengesetzt Weg wählen – Note 3 (+ Abwenden möglich – Fokus beim Hund); Laufen auf gleicher Höhe auf verschiedenen Straßenseiten, Spielaufforderung vom anderen Hund – Note 2- (++ zeigt Kanten zuverlässig + folgt „rechts weiter" auch wenn links der Hund – Erregungslage noch immer erhöht – Fokus merklich beim Hund)

Zebrastreifen: 4 / 4

Ampel: 1 / 1

Direkte Ansprache von unbekanntem, stehendem Mensch führt zu Ablenkung (-- Louie führt Richtung Mensch + zeigt Kante zuverlässig an + geht leinenführig vorbei; + bei Wiederholung führt L. auch vorbei) Passenten werden ignoriert (Kopfbewegung ohne Beeinflussung der Laufrichtung), Kind auf Roller: keine Ablenkung mehr

Mittwoch, 21.09.2022, 15:00 bis 15:50 Uhr, Erler Dorfmitte Richtung Industriegebiet

Zeigt alle Kanten, zeigt 4 / 4 Ampeln (davon 1 nach 2. Aufforderung)

Will an Bushaltestellen ungefragt Bank anzeigen (Anm.: Bei Anzeigegelegenheiten (Bank, Box, Treppe) mehr Steh + Weiter abfragen)

Hunde auf anderer Straßenseiten (2spurig) zieht mehrfach L.s Blicke auf sich, führt aber befriedigend weiter (verlangsamt, lässt sich aber weiterschicken, zeigt alles an, geht auch in andere Richtung weiter)

Hunde kläffend am Gartenzaun, L. würde ohne Hilfe hin, mit einer Aufforderung geht er aber am Zaun entlang, zeigt Kante selbstständig (mit Kläffern im Rücken) – dann kommt Hund am Rad (Hund will schneller als Radfahrer, wird zurückgehalten, kratzt immer mit Krallen über Asphalt (wie durchdrehende Reifen) + LKW mit rappelndem Anhänger: Daraufhin mäßiges Meideverhalten: weicht Schritt von der Kante zurück (Vermutung hochgepushter Rad-Hund war am relevantesten und alle drei Faktoren zusammen dann „zu viel" für L.), Verhalten wäre auch für Blinden zu händeln. L. führt im Anschluss problemlos weiter.

Mitten im Lauf zieht vermehrt Rute ein, wenn der Bügel aufliegt, senkt L. sein Heck ab: Vermutung: Muss sich lösen. Löst sich auf Signal (Urin sehr prompt, Kot nach 2–3 Min). Danach ist die Führleistung wiederhergestellt. Abruf / Sitz / Platz / Warte in parkähnlicher Umgebung wird sicher ausgeführt.

Donnerstag, 22.09.2022, 12:45 bis 14:45 (davon ca. 40 min im Café), Betreutes Wohnen / Seniorenheim (indoor) bis Café (Dorfmitte) in Begleitung (Dame mit Rollator)

Zeigt Eingang zuverlässig

Ausgang: bleibt **nicht** selbstständig stehen

Lift: 2/2 (sehr gut, auch bei vollem Lift, sehr höflich)

Begegnungen mit Rollatoren / Gehhilfen / Gehbehinderungen — alle problemlos, höfliches / vorsichtiges Begrüßen auf Signal — vorbildliches Passieren ohne Kontaktaufnahme — interessiert, aber führt grade weiter

Längeres Warten an Kanten und Orientierungspunkten funktioniert, positioniert sich allerdings leicht um, geht auch aus „falscher Winkelung" heraus wieder in richtige Richtung an. Begleitung durch Rollator ist problemlos.

Im Café: Legt sich nach dem Setzen der Menschen (ca. 30 Sek.); Warten im Platz am Sitzplatz, während ich reingehe und Karten hole (kurz außer Sichtweite); Warten während des Café-Besuchs problemlos (steht bei 1 vom 5x Servieren ungefragt auf, ist aber nicht aufdringlich); Ca. 25 min von 40 min. ist am Nebentisch ein Hund (klein, weiß), der gefüttert wird, nicht liegt, seine Menschen umrundet: Louie schaut interessiert, wedelt im Platz, steht 1x ungefragt auf, lässt sich sofort wieder ablegen).

Passanten werden teils beobachtet, kaum Reaktion von L., döst viel.

Freitag, 23.09.2022, 20:00 bis 20:45 Uhr, vom Friedhof Richtung Wohngebiete in Raesfeld, dunkel

Zeigt alle Bordsteinkanten, Sicherheitsüberquerung, (Kante nicht vorher an falscher Stelle anzeigen lassen! Früher unterbrechen!) Seitenhindernis von rechts (Bewuchs) korrekt ausgewichen

Rüber (2x nach 2. Aufforderung, Überquert wieder vermehrt mit Linkstendenz (Florian filmt, Standort der Person scheint relevant)

Teilweise verlangsamt ohne erkennbare Hindernisse (scheint in schlechter ausgeleuchteten Bereichen vermehrt, Führleistung bleibt erhalten) Einzelner entgegenkommender Mann: L. zeigt leichte Unsicherheit (in diesem Fall gefüttert, direkt wieder vorbei.

Anmerkung: Mehr Trainings in Dunkelheit (nach Hundebegegnungen) Links prompt, alle korrekt Rechts mehrfach falsch (nächstes Mal konkret zählen! Rechts üben)

Ampel: 2/2 (1x nach 2. Aufforderung)

Zebra: :1x auf Signal, sonst lagen sie auf dem Weg. Differenzierung weiter und rechts/links ausbauen: Bei „Weiter" Tendenz zum „Schlenker".

Zusätzlich filme ich in kontinuierlichen Abständen meine Trainingsläufe, um mein Training zu optimieren und perfektionieren, damit meine Hunde und ich immer besser werden.

Anzeigeverhalten

Da du nun anhand deiner Dokumentation weißt, dass dein Hund die oben genannten Verhalten des Grundlagentrainings zu 80 % beherrscht, kannst du jetzt gut aufbauen und das Anzeigeverhalten trainieren. Dazu gehören zum Beispiel die Ampel, der Briefkasten, eine Sitzgelegenheit, Schalter (Kasse, Rezeption), Zebrastreifen, Aufzug, Ein- und Ausgänge von Geschäften sowie Ein- und Ausgänge von öffentlichen Verkehrsmitteln und Treppen. Wenn du zuvor schon Targettraining mit deinem Hund geübt hast, geht das Anzeigeverhalten ziemlich schnell, da er das Konzept „verstanden" hat. Außerdem bereitet es den Hunden meiner Erfahrung nach viel Freude, Nah- und Fernziele aufzusuchen und anzuzeigen. Wenn es richtig trainiert wurde, ist es für sie wie ein spannendes Suchspiel! Beispielhaft für das Anzeigen von Fernzielen erkläre ich später auf S. 115 das Anzeigen einer Ampel.

Hindernisarbeit

Jetzt kommen wir zur – so empfinde ich es jedenfalls – Königsdisziplin im Führhundtraining: Zur Hindernisarbeit. Hier heißt es wirklich tausendfache Wiederholungen, denn es gibt die verschiedensten Hindernisse, die für den beeinträchtigten Menschen eine Gefahr darstellen können. Hier muss der Hund die verschiedensten Hindernisse kennenlernen, anzeigen und / oder umgehen. Das ist eine wirkliche Herausforderung, denn für ihn stellen Hindernisse wie z. B. eine Schranke, unter der er problemlos durchlaufen kann, keine Gefahr dar – für den Menschen aber schon. Du siehst, dass es für den Hund eine Meisterleistung ist, hier seinen Menschen zu warnen und das Hindernis zu verweigern oder zu umlaufen. Wie ich ein Hindernis trainiere, kannst du im Kapitel Trainingspläne ab S. 95 nachlesen.

- Anzeigen und / oder sicheres Umgehen von Hindernissen wie z. B. Bodenhindernisse, Gräben, Pfützen, Laternen oder sonstige Pfosten, Leitern, Gerüste, Schranken, Absperrungen

- Hindernisse in Kopfhöhe wie Schilder, Äste, Markisen, Gerüste usw.

- Enge Passagen, Passanten

- Rolltreppenverweigerung

- Abgrundverweigerung, z. B. beim Entlanglaufen an Bahnsteigen

Ich trainiere mit meinen Ausbildungshunden immer an verschiedenen Örtlichkeiten: Dorf, Kleinstadt, Großstadt und besonders gerne am Flughafen München. Der bietet sich besonders bei schlechtem Wetter an und ist vor allem für mich ein großartiger Trainingsplatz, denn hier gibt es alles – Menschenmengen, Rolltreppen, Absperrbänder, Rollbänder, viel Lärm, viele Koffer zum Ausweichen und Geschäfte, die übrigens auch ziemlich nett zum Shoppen sind. Ich trainiere auch viel an und in öffentlichen Verkehrsmitteln, um eine bestmögliche Generalisierung zu erlangen. Das bedeutet zum Beispiel auch, dass ich mit verschieden Verkehrsmitteln fahre, denn ein Zug ist nicht das gleiche wie eine U-Bahn und ein Bus ist wieder was anderes als ein Zug. Jeder Einstieg zum Verkehrsmittel ist anders, die Abstände zum Gleis sind bei vielen Zügen anders, es gibt auch immer noch die alten Bummelzüge mit diesen riesigen Treppenstufen und so weiter … es ist also jedes Mal ein anderes Bild für den Hund und das kann ich nicht oft genug üben.

Es können zusätzlich noch weitere Signale speziell auf Wunsch des zukünftigen Halters trainiert werden, wie z. B. das Aufsuchen und Anzeigen eines Handlaufes bei einer Treppe usw.

Ausrüstung

Selbstverständlich brauchst du auch ein gutes Führgeschirr für dein Training. In den letzten zehn Jahren wurde in einer Vielzahl von Studien darauf hingewiesen, dass gewisse Geschirrarten, z. B. die Norwegergeschirre mit quer verlaufendem Brustgurt, für den Bewegungsapparat des Hundes nicht gesundheitsförderlich sind. Dies betrifft besonders den Blindenführhund, der viele Stunden in einem dieser Geschirre seine Führarbeit leistet. Jede dauerhafte Bewegungseinschränkung oder längere Druckbelastung schädigt die Muskelstruktur des Hundes und somit auch die Skelettstruktur. Dies führt zu Schmerzen, die auch chronisch werden können. Der Hund trägt das Geschirr mehrere Stunden täglich über Jahre hinweg, demnach ist es ausgesprochen wichtig, dass das Geschirr optimal sitzt und individuell angepasst wird. Optimal ist aufgrund des fehlenden Brustgurtes der Einsatz eines Y-Geschirrs. Auch ein Y-Geschirr kann aber, wenn es schlecht sitzt, Probleme bereiten, daher setzte ich keine Geschirre von der „Stange" ein, sondern jedes Geschirr wird nach den Körpermaßen des Hundes extra vom Experten gefertigt.

Diese Voraussetzungen muss ein gutes Führgeschirr für mich erfüllen:

- Die Schulter muss sich frei bewegen können, sodass der Hund in seiner Bewegung nicht eingeschränkt ist
- Es sollte gepolstert sein
- Es sollte leicht sein
- Schnelles und leichtes Entfernen des Führbügels
- Der Kehlkopf sollte bei Zug frei sein
- Es sollte Reflektoren haben
- Der Hund sollte sich mit dem Führgeschirr gut ablegen können
- Das Führgeschirr sollte leicht zu reinigen sein

- Das Verschlusssystem sollte für den beeinträchtigten Menschen leicht zu bedienen sein

- Es sollte in Y-Form gebaut sein

Der Führbügel ist die Verbindung zum Hund, über den der Halter jede Bewegung seines Hundes mitbekommt und der Hund hat einen gleichmäßigen leichten Zug auf dem Führgeschirr, um seinen Menschen mitzunehmen, ihn sozusagen zu führen. Deshalb heißt es auch Führbügel. Der Führbügel sollte ergonomisch und leicht sein und eine exakte Übertragung der Führbewegung an den blinden oder sehbeeinträchtigten Menschen übertragen.

All die vorherigen genannten Punkte erfüllt für mich ein neu entwickeltes Geschirr aus dem 3D-Drucker, das sogenannten 3dbenefit-Geschirr (Link siehe nächste Seite). Es ist nicht von der Stange, sondern wird auf jeden Hund maßangefertigt und das allein ist schon großartig. Es hat eine Y-Form, wodurch der Hund enorme ergonomische Vorteile hat und in seiner Bewegungsfreiheit nicht eingeschränkt ist. Den Hunden wird eine körpergerechte und somit optimierte Führarbeit ermöglicht und dem Führhundhalter dank des leichten, ergonomisch geformten Führbügels der Alltag. Der Führbügel lässt sich mithilfe eines Federverschlusses sehr leicht an- und abklicken, wobei die Verbindung deutlich hörbar einrastet. Außerdem ist der Führbügel in mehreren Längen und Formen erhältlich, damit das Geschirr nicht nur dem Hund, sondern auch dem Halter passt.

Beim 3dbenefit-Geschirr lässt sich der Führbügel leicht an- und abklicken.

Wenn du mehr über das Führgeschirr erfahren möchtest, hier der Link zur Website – dort findest du auch interessante Studien und Publikationen zum Thema Geschirre und ihre Auswirkungen auf den Bewegungsapparat der Hunde allgemein sowie speziell den Blindenführhunden: www.3dbenefit.de

Da auch das einseitige Führen dem Bewegungsapparat des Hundes schadet, werden die zukünftigen Blindenführhunde auf links sowie auf rechts ausgebildet, um gesundheitliche Schäden zu vermeiden. Für mich gehört das zu einer fundierten Ausbildung eines Blindenführhundes dazu und ich empfinde es mittlerweile auch tierschutzrelevant, den Hund nur einseitig führen zu lassen. Die zukünftigen Führhundhalter werden diesbezüglich in der Einarbeitung ebenfalls geschult, um ihrem vierbeinigen Freund ein langes und gesundes Leben als Führhund bieten zu können.

Ich mag das neu entwickelte 3dbenefit-Blindenführhundegeschirr sehr. Es ist durch seine Y-Form sehr ergonomisch und wird per 3D-Drucker individuell passend für den Hund angefertigt.

5. Beispiele für Trainingspläne

Vorab sei gesagt, dass jeder Trainingsplan aufs Neue auf die individuellen Bedürfnisse und Vorkenntnisse von Hund, Trainer und Halter abgestimmt werden sollte, um schnellstmögliche Erfolge und Spaß am Training zu bringen. Die hier aufgeführten Pläne sind dementsprechend als Beispiele zu verstehen – als Orientierungshilfe auf dem Weg, sich eigene Pläne oder Vorlagen zu erschaffen. Keiner der Pläne ist vollständig oder gar auf jedes Team übertragbar. Bewusst habe ich daher auch verschiedene Strukturen dargestellt, um die Vielfältigkeit der Möglichkeiten zumindest anzudeuten.

Eines sollten alle Trainierende stets bei der Durchführung jedes Planes im Hinterkopf behalten: „Pläne sind zum Ändern da!" Ein Satz, den Bob Bailey prägte und auf unzähligen Veranstaltungen wiederholte und der doch zu oft in Vergessenheit gerät. Führt ein Plan nicht zum gewünschten Ziel, bringt es oftmals wenig, den immer gleichen Schritt zu wiederholen und zu erwarten, dass unser Hund diese Aufgabe irgendwann meistert. Es ist vielmehr unsere Aufgabe, die Schritte so zu gestalten, dass der nächste Schritt für unseren Hund stets gut zu bewältigen ist. Ist er das nicht, gibt es immer einen Zwischenschritt und noch einen und noch einen .... Ganz sicher!

Wozu brauchen wir also einen Trainingsplan, wenn wir doch sowieso schon wissen, dass wir ihn überarbeiten müssen? Und das immer und immer wieder?

Wenn wir planvoll in unser Training gehen, fällt es uns leichter, konsequent zu handeln. Wir werden für den Hund „durchschaubar", denn unser Handeln ist vorhersehbar und eindeutiger. So kann der Hund viel einfacher zum Erfolg kommen. Ein gut durchdachter Trainingsplan verhindert nicht zuletzt auch die unnötige Anwendung von Druck und Strafe. Wir haben uns nämlich vorweg Gedanken über mögliche Fallstricke und Fehlverhalten sowie Lösungsstrategien für im Training aufkommende Hürden gemacht. So vermeiden wir, dass uns unerwünschte Verhalten des Hundes überraschen und wir aus alten Sozialisationsmustern, aus eigenem Frust, Unzufriedenheit oder anderen negativen Emotionen heraus den Hund strafen. Der Hund ist bloß den Weg weitergegangen, den wir ihm gewiesen haben, das sollten wir bedenken und unsere Reaktion auf unerwünschtes Verhalten dementsprechend anpassen.

Verstehen wir unsere Trainingspläne also als Wegweiser, benötigen wir zwei grundlegende Punkte für die Erstellung: den Start und das Ziel! Wo starten wir, was kann unser Hund schon? Worauf können wir aufbauen? Was fällt ihm schwer?

Das Trainingsziel beschreibt dann das erwünschte Verhalten so genau wie möglich. Das bedeutet nicht nur: „Was tut der Hund?", sondern auch: „Auf welches Signal, in welcher Umgebung, bei welcher Ablenkung, wie lange, wie schnell, in welcher Position zum Menschen" und so weiter ... Je genauer wir wissen, wo die Reise hingehen soll, umso genauer können wir den Weg dahin beschreiben. Klingt simpel, und doch vergessen wir zumeist in unserer ersten Definition einige Kriterien. Gut, dass auch wir dazulernen und unsere Pläne mit jedem Mal aktualisieren und ausfeilen können.

Um die folgende Trainingspläne zu verstehen, ist für dich wichtig zu wissen, dass ein hochgradig sehbeinträchtiger Mensch oder blinder Mensch im Rahmen der O&M-Schulung (s. S. 159) seine Sinne so einzusetzen lernt, dass auch die Fortbewegung in unbekannter Umgebung möglich sein soll, also z. B. paralleles oder senkrechtes Ausrichten am fahrenden Verkehr, Erkennen von Querstraßen und Einschätzung der Überquerungsart (geregelt oder ungeregelte Ampelphasen). Dabei nutzt die Person den oft noch vorhandenen Sehrest, die akustischen und taktilen Informationen und den Plan im Kopf bzw. Navigationsapps. Der Blindenführhund unterstützt z. B. durch korrektes Anzeigen auch von abgeflachten Bordsteinkanten, das Auffinden von Ampelmasten, die geradlinige Straßenüberquerung usw. Das heißt, der Blinde soll und muss seinen Hund auch „schicken" können, z. B. nach rechts und links, es ist nicht etwa so, dass der Hund den Menschen komplett „führt".

Ob der blinde/sehbeeinträchtigte Führhundhalter sich eine fremde Umgebung zutraut, ist eine andere Sache. Spätestens aber, wenn der bekannte Weg versperrt ist, muss das Gespann entweder umdrehen oder außen herumlaufen (z. B. auf der anderen Straßenseite oder in der Parallelstraße). Eine fremde Umgebung bedeutet für manche blinde oder hochgradig sehbeeinträchtigte Personen bereits das Gehen einer bekannten und sogar eingeübten Wegstrecke in die entgegengesetzte Richtung oder das Laufen einer kurzen Wegstrecke des bekannten, eingeübten Weges auf der anderen Straßenseite oder in der Parallelstraße.

Erst dann, wenn sich ein Führhundhalter nicht mehr orientieren kann, ist er auch nicht mehr in der Lage, seinem Hund korrekte Signale zu geben außer vielleicht mit dem Hörzeichen „nach Hause".

Basics (Grundlagentraining)

Anzeigen von hohen und flachen Bordsteinkanten

Erstellt von Nadine Wachtmeister

Die (Bordstein)Kantenanzeige ist eines der grundlegendsten Verhalten für einen Blindenführhund, daher ist sie auch das erste Verhalten, dass ich trainiere. So gewährleiste ich die höchstmögliche Anzahl an Wiederholungen und Variabilität und verpasse keine Trainingschance im Laufe der Ausbildung. Das bedeutet aber auch, dass der Hund sein Führgeschirr in der Regel noch gar nicht kennt. Das ist auf der einen Seite gut, denn ich möchte möglichst erst Verhalten mit ins Führgeschirr nehmen, die der Hund gut leisten kann, damit die Fehlerhistorie im Führgeschirr so klein wie möglich bleibt. Auf der anderen Seite laufe ich Gefahr, für den Hund unvorhersehbar zu wirken, wenn er an der Leine manchmal „mitdenken" soll und manchmal Freizeit hat. Diese Ambivalenz kann für den Hund zu Stress führen. Daher nutzte ich gerne eine

Abwandlung der Balance-Leine oder ein spezielles Geschirr (kein Führgeschirr), das nur und ausschließlich dann zum Einsatz kommt, wenn der Hund „arbeiten" soll. Wenn ich zu Fuß unser Trainingsgebiet aufsuche, ziehe ich es dem Hund also erst direkt vorher an und nach Abschluss auch sofort wieder aus, den Hin- und Rückweg trägt er dieses „Accessoire" nicht. So wird meine gewählte Kennzeichnung für den Hund zu seinem Umweltsignal, dass er jetzt eine Aufgabe hat. Trägt er dieses Accessoire nicht, weiß er, dass er Freizeit hat.

Trainingsplan

Zielverhalten: Versuche an dieser Stelle einmal, die Bordsteinkantenanzeigen so vollständig wie möglich zu beschreiben. Es gilt viele Faktoren zu berücksichtigen.

Voraussetzung: Der Hund ist gut *leinenführig* und lässt sich nicht von den üblichen zu erwartenden Umwelteinflüssen ablenken. Er hält selbstständig bei durchhängender Leine die Position neben seinem Menschen (optimalerweise bereits in etwa die spätere Führposition, also etwas vor der üblichen Fußposition), insbesondere beim Stehenbleiben. Er benötigt keinen Blickkontakt zu seinem Menschen, ist geradegerichtet und kennt ein *Markersignal*, das ihn verharren und auf sein Leckerchen warten lässt.

1. Schritt: Auswahl eines geeigneten, ruhigen Wohngebiets mit vielen Stichstraßen und möglichst eindeutigen, gerne hohen Bordsteinkanten.

Hier lohnt sich die Suche in der Umgebung ungemein, denn eine eindeutige Einführung des Verhaltens sichert ein festes Fundament, auf dem sich das weitere Verhalten viel leichter aufbauen lässt. Das ist besser, als schwierig zu beginnen und dem Hund damit seine Aufgabe nicht vollkommen klar zu machen.

2. Schritt: An der Bordsteinkante punktgenau stehenbleiben.

Ich gehe den Fußweg gerade mit konstanter Geschwindigkeit entlang, bis ich zur ersten Stichstraße komme. Jetzt ist Timing gefragt! Ich setze meinen Marker und mein eigenes Stehenbleiben so punktgenau, dass der Hund mit seinen bei-

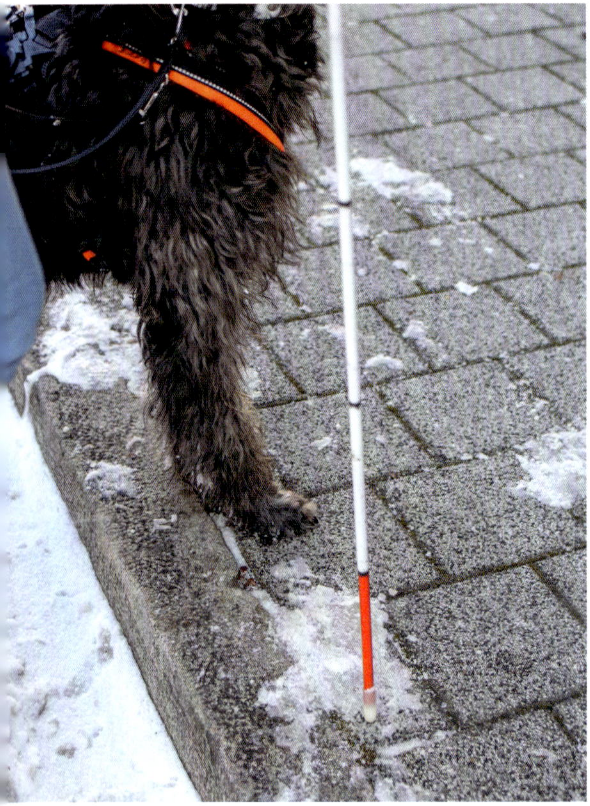

den Vorderpfoten auf der Bordsteinkante zum Stehen kommt. Das wiederhole ich an jeder Bordsteinkante.

Je besser mein Timing ist, desto schneller kann mein Hund lernen.

> ***Merke:*** *Lieber ein wenig zu früh, als dass der Hund auf der Straße zum Stehen kommt. Hier kann ich mir den Futterpunkt wieder zunutze machen und den Hund darüber an die korrekte Stelle führen. Klicke ich zu spät, füttere ich nicht! Kommt dies häufiger vor, arbeite ich an meinem Timing, und zwar außerhalb dieses Settings! Achtung: Vor jedem Weitergehen sage ich situationsangepasst „Weiter" oder „Rüber". Merke: Später soll der Hund nur auf das Wortsignal und nicht auf Bewegungen reagieren, daher müssen hier klare Abläufe etabliert werden.*

3. Schritt: Wiederholungen auf der gleichen Strecke.

Ich trainiere zunächst nicht länger als 15 Minuten, drehe also spätestens nach 7 Minuten um und gehe die gleiche Strecke zurück. Oder ich wähle kürzere Strecken und gehe mehrfach hin und zurück. Zur nächsten Trainingseinheit suche ich die gleiche Straße auf und wiederhole mein Vorgehen, bis ich Hinweise im Verhalten des Hundes beobachten kann, die vermuten lassen, dass er erkennt, an welchen Stellen wir halten werden.

4. Schritt: Die Anzeichen erkennen und richtig deuten.

Die Hunde werden schnell nach der nächsten Möglichkeit Ausschau halten, sich eine Belohnung zu verdienen und beginnen, das Halten auf der Bordsteinkante vorwegnehmen zu wollen. Um ihnen das zu ermöglichen, muss ich erkennen, dass sie so weit sind, ohne sie in einen Fehler laufen zu lassen. Fixiert der Hund zum Beispiel schon beim Loslaufen die nächste Kante? Dann wage ich es und lasse den Marker als Bremse weg. Trifft er korrekt, wird das gemarkert und ich belohne ihn natürlich angemessen! Achtung: Wenn es nicht funktioniert hat, drehe ich um und zeige ihm die Kante im nächsten Anlauf. In keinem Fall wird ein Bordstein einfach überlaufen.

> ***Vorsicht:*** *Manche Hunde beschleunigen, wenn sie eine Idee von ihrer Aufgabe bekommen haben, sie möchten dann logischerweise möglichst schnell zur nächsten Kante. Hier gilt es von vorneherein die Waage zu halten – wir wollen ihre Motivation nicht bremsen, ihr Tempo aber schon! (Stichwort Verstärkerwerte – einen für den Hund geringeren Verstärker nehmen (z. B. statt der Wurst ein trockenes Leckerchen).*

5. Schritt: Wartezeiten variieren.

Wenn der Hund zuverlässig mit den Vorderpfoten auf der Kante zum Stehen kommt, variiere ich die Zeit bis zum Markern und erhöhe die Wartezeit an der Kante schrittweise.

> ***Tipp für Fortgeschrittene:*** *Du kannst die Wartezeit an der Kante auch als response cost miteinbeziehen. Das bedeutet, dass der Hund „mehr" tun muss, um den Standardverstärker zu bekommen, also in dem Fall länger warten. Behalte deine Verstärkerwerte im Auge, um dies nicht aus Versehen anzuwenden.*

6. Schritt: Ablenkung einführen.

Wenn der Hund einige Sekunden mit den Vorderpfoten auf der Kante warten kann, beginne ich schrittweise, potenzielle Ablenkungen einzuführen. Das kann zu Beginn eine Kopfbewegung sein, ein Schulterzucken oder Kippeln mit dem Oberkörper. Ich taste mich dabei heran, bei welchen Bewegungen der Hund noch stehenbleiben kann und forme diese kreativ aus.

__Merke:__ Hieraus kannst du auch wichtige Infos für dich ziehen: Was könnte dein Hund noch als Signal interpretieren, was du gar nicht als solches beabsichtigst? Häufig möchten Hunde z. B. bei Bewegungen der Füße auch loslaufen. Oder hört dein Hund nur irgendetwas Gesagtes und dann geht es los? Achte darauf, dass wirklich nur „Weiter" oder „Rüber" ihn in Bewegung setzten.

7. Schritt: Weiterlaufen, wenn mein Hund stehen bleibt.

Ich beginne mit einer Andeutung, als würde ich nicht bremsen wollen, tue es dann aber natürlich doch. Dies baue ich so weit aus, dass mein Hund auch dann sicher an der Kante stehenbleibt, wenn ich meine Geschwindigkeit sicher nicht verändert habe und erst deutlich nach meinem Hund zum Stehen komme.

__Merke:__ Dieser Schritt ist besonders wichtig, da Sehende häufig dazu neigen, doch irgendwelche körperlichen Hinweise auf das bevorstehende Halten zu geben, ohne sich dessen bewusst zu sein.

8. Schritt: Übertragung auf eine andere Umgebung.

Ich erhöhe nun schrittweise die Anforderung meiner Umwelt und übertrage das erlernte Verhalten auf möglichst viele Orte. Dabei achte ich auf eine durchschnittliche Steigerung der Anforderungen, gönne dem Hund nach einem Training in besonders herausfordernder Umgebung also auch wieder ein Training in leichteren Gebieten.

__Merke:__ Am Ende wirst du auf diesem Weg schneller vorankommen, als wenn du stetig eine Stufe mehr vom Hund verlangst. Binde die Schritte 4 bis 7 in neuen Umgebungen je nach Bedarf ein. Vergiss dabei auch nie, die Uhr im Auge zu behalten. Insbesondere wenn es gut läuft, neigen viele Trainierende dazu, immer noch ein bisschen mehr und mehr zu machen. Gönn deinem Hund und dir einen guten Abschluss. Unser Training sollte dem Hund schaffbare Herausforderungen stellen, also weder stupide Wiederholen noch zu große Sprünge erwarten. Die Chance, uns Sprünge zu zeigen, darfst du deinem Hund aber ruhig geben! Ein stetes Abwägen gehört zu unseren täglichen Aufgaben als Trainierende. Denke hier im Besonderen an differenzierte Belohnung, du kannst leichtere Einheiten auch dazu nutzen, die Verstärkerwerte schon langsam zu reduzieren und zusehen, wie viel und welche

Art der Verstärkung es braucht, um das Verhalten zu erhalten, während sich besondere Leistungen weiterhin auch besonders lohnen dürfen.

9. Schritt: Evaluierung in fremder Umgebung und Reduzierung der Verstärkerwerte.

Zeigt der Hund in unbekannter Umgebung wirklich alle Arten von Kanten an? Hohe, flache, ebenengleiche und eigentlich alles, was eine potenzielle Stolperfalle sein könnte? Auch wenn es aussieht, als würde ich weiterlaufen? Auch, wenn ich mich an der Kante bewege oder spreche?

Merke: *Vergiss nicht, spätestens jetzt auch die Verstärkerwerte entsprechend anzupassen und zu hinterfragen, wieviel und welche Form du langfristig brauchst, um das Verhalten so zu erhalten. Behalte hier auch im Hinterkopf, zu welcher Art der Verstärkung und welchem Timing der/die künftige Haltende/r realistisch betrachtet befähigt sein wird.*

Auch hier trainieren wir nach dem Motto „Schlimmer als es ist", um den Hund darauf vorzubereiten, dass der Führhundehalter später im „echten Leben" vielleicht nicht mehr so gut, geschickt und regelmäßig belohnen wird wie wir jetzt zu Beginn des Trainings. Das bedeutet: Ich belohne bewusst oft im falschen Moment, also mit schlechtem Timing, ich lasse Leckerchen bewusst auf den Boden fallen und trainiere so, dass der Hund diese nicht vom Boden aufnimmt oder gar im Führgeschirr nach ihnen springt, denn das wäre an einer Straße für Hund und Halter lebensgefährlich. Ich lasse bewusst Belohnungen weg, zum Beispiel bei Anzeigeverhalten. Dies kann ich allerdings erst machen, wenn der Hund einen gewissen Ausbildungsstand hat und in seinem erlernten Verhalten genügend gefestigt ist, damit ich mir nichts kaputt mache. Auf den Punkt gebracht ist mein Ziel, dass meine Hunde 90 Minuten im Führgeschirr laufen können bzw. Führleistung erbringen, ohne sie mit einem Leckerchen zu belohnen. Dies bedeutet allerdings auch, dass ich meine Hunde darauf gut vorbereiten muss, damit dieses Verhalten nicht in sich zusammenbricht. Und das bedeutet wiederum, dass ich vorher viel Belohnungsmasse auf dem erlernten Verhalten haben muss. Ein gutes Beispiel hierfür ist das von Vivane Theby: Ich habe ein Sparkonto, auf das ich monatlich und viele Jahre eingezahlt habe, ich habe schon einen großen Betrag angespart, deshalb ist es nicht so schlimm, wenn ich nur hin und wieder etwas einzahle, ich habe deshalb immer noch einen großen Betrag auf meinem Konto. Und so ist es auch mit dem Verhalten meines Hundes.

10. Schritt: Übertragung auf das Führgeschirr.

Natürlich kannst du das Verhalten auch schon eher im Führgeschirr abfragen. Doch je sicherer das Verhalten vor der Hinzunahme des Führgeschirrs ist, desto weniger unerwünschtes Verhalten wird vom Hund mit selbigen verknüpft. Wie bei allen Entscheidungen gilt es hier im individuellen Fall, Vor- und Nachteile gegeneinander abzuwägen.

> ***Merke:*** *Nur weil es auf den ersten Blick so aussieht, als wäre man näher an seinem Ziel, ist das noch lange nicht wirklich der Fall, wenn wir es ehrlich kritisch hinterfragen. Also welche Vorteile bringt das frühzeitige Einbinden des Führgeschirrs wirklich und wiegt es die Nachteile auf?*

Rechts und links

Zielverhalten: Der Hund soll auf das Signal „Rechts"/„Links" die entsprechende Richtung einschlagen, z. B. bei Richtungswechsel, oder dem Weg weiter nach links oder rechts entlang folgen, z. B. wenn er auf der Bordsteinkante eines Gehweges steht und der Halter links oder rechts weiter möchte.

Voraussetzung: Der Hund ist gut leinenführig, kann die Bordsteinkantenanzeige, kennt das Wortsignal „Weiter," ein Handtarget wurde trainiert, er ist mit dem Führgeschirr vertraut und lässt sich nicht von den üblichen und zu erwartenden Umwelteinflüssen ablenken. Er hält selbstständig bei durchhängender Leine die Position links neben seinem Menschen (optimalerweise bereits in etwa die spätere Führposition, also etwas vor der üblichen Fußposition), insbesondere beim Stehenbleiben. Er benötigt keinen Blickkontakt zu seinem Menschen, ist geradegerichtet und kennt ein Markersignal, das ihn verharren und auf seine Belohnung warten lässt.

Trainingsplan: Rechts

Schritt 1: Auswahl eines geeigneten, ruhigen Wohngebiets mit eindeutigen, gerne hohen Bordsteinkanten.

Schritt 2: Der Hund steht mit beiden Vorderpfoten auf der hohen oder abgeflachten Bordsteinkante zu einem Gehweg. Ich präsentiere auf Armlänge und Höhe des Hundes mein rechtes Handtarget / der Hund berührt mit Nase meine rechte Handinnenfläche / Marker / Futter / Wortsignal „Weiter". (Der Hund soll, nachdem er mein Handtarget mit der Nase berührt hat, weiter dem Gehweg nach rechts folgen, deshalb das Signal „Weiter", somit baue ich mir keine Stopps bzw. Stehenbleiben des Hundes ein, um eine zügiges Weitergehen zu festigen)

➔ Wiederholung 2 x

Schritt 3: Hund steht mit beiden Vorderpfoten auf der hohen oder abgeflachten Bordsteinkante zu einem Gehweg. Ich gebe mein Wortsignal „Rechts" / präsentiere auf Armlänge und Höhe des Hundes meine rechtes Handtarget / Hund berührt mit der Nase meine rechte Handinnenfläche / Marker / Futter / Wortsignal Weiter

➔ Wiederholung 3 x

Schritt 4: Hat das alles geklappt, beginne ich mein Sichtsignal (Handtarget) Schritt für Schritt abzubauen, sodass der Hund nur noch auf mein Wortsignal „Rechts" weitergeht (z. B. weiter rechts entlang dem Gehweg folgt).

Schritt 5: Übertragung ins Führgeschirr

Schritt 6: Verhalten verdichten (Ablenkung mit einbauen, z. B. auf der Stelle hüpfen, andere Person lockt den Hund, ich lege eine Wurstsemmel auf den Boden usw.). Ich hinterfrage also kritisch: Kannst du auch rechts weitergehen, wenn du von äußeren Umständen abgelenkt wirst?

Trainingsplan: Links

Schritt 1: Auswahl eines geeigneten, ruhigen Wohngebiets und eindeutigen, gerne hohen Bordsteinkanten.

Schritt 2: ACHTUNG! Hier ist gutes Handling gefragt, denn der Hund befindet sich normalerweise auf deiner linken Seite. Da du dich etwas über den Hund beugen musst, um dein rechtes Handtarget zu präsentieren, wäre es sinnvoll und wichtig, dass du das vorher mit deinem Hund trainierst, denn er könnte es sonst als Bedrohung empfinden. (In der linken Hand hältst du ja die Leine, und später hast du in der linken Hand den Führbügel – um später evtl. noch Hilfestellungen mit deinem rechten Handtarget geben zu können, ist es deshalb sinnvoll, dein rechtes Handtarget zu präsentieren.)

Schritt 3: Der Hund steht mit beiden Vorderpfoten auf der hohen oder abgeflachten Bordsteinkante zu einem Gehweg. Ich präsentiere auf Armlänge und Höhe des Hundes mein rechtes Handtarget auf der *linken* Seite des Hundes / Hund berührt mit Nase meine rechte Handinnenfläche / Marker / Futter / Wortsignal Weiter

➔ Wiederholung 2 x

Schritt 4: Der Hund steht mit beiden Vorderpfoten auf der hohen oder abgeflachten Bordsteinkante zu einem Gehweg. Ich gebe mein Wortsignal „Links" / präsentiere auf Armlänge und Höhe des Hundes meine rechtes Handtarget / Hund berührt mit der Nase meine rechte Handinnenfläche / Marker / Futter / Wortsignal „Weiter".

Der Hund soll, nach dem er mein Handtarget mit der Nase berührt hat, weiter dem Gehweg folgen, deshalb das Signal „Weiter," somit baue ich mir keine Stopps bzw. Stehenbleiben des Hundes ein, um ein zügiges Weitergehen zu festigen)

➔ Wiederholung 3 x

Schritt 5: Hat das alles geklappt, beginne ich mein Sichtsignal (Handtarget) Schritt für Schritt abzubauen, sodass der Hund nur noch auf mein Wortsignal „Links" weitergeht.

Schritt 6: Übertragung ins Führgeschirr

Schritt 7: Verhalten verdichten (Ablenkung mit einbauen, z. B. auf der Stelle hüpfen, andere Person lockt den Hund, ich lege eine Wurstsemmel auf den Boden usw.). Ich hinterfrage also kritisch: Kannst du auch links weitergehen, wenn du von äußeren Umständen abgelenkt wirst oder ich mich anders ausrichte?

Anzeigeverhalten

Trainingsplan: Anzeigen einer Sitzgelegenheit

Zielverhalten: Der Hund geht auf das Wortsignal „Bank“ prompt mit seiner üblichen Führgeschwindigkeit auf dem kürzestmöglichen und ungefährlichsten Weg zur nächsten freien Sitzgelegenheit, bremst vor Erreichen leicht ab und legt sein Kinn auf die Sitzfläche. In dieser Position verharrt er bis zum Auflösesignal / bis zu 10 Sekunden / bis zur Futtergabe / bis zum Lobwort / bis der/die Trainierende mit der Hand den Sitz erfühlt hat oder Ähnliches. Der Hund trägt dabei sein Führgeschirr und sein Mensch, der das Signal gibt, folgt ihm in der üblichen Führposition mit *angemessenem Zug* auf dem Führbügel. (Mit „angemessen“ meine ich, dass der Hund einen leichten und gleichmäßigen Zug auf dem Führgeschirr/Bügel hat, um seinen Halter gleichmäßig zu führen und nicht wie wild durch die Gegend zu ziehen).

> ***Vorsicht:*** *Bei der Arbeit mit Targets kann es leicht zu ungewollter Beschleunigung seitens des Hundes kommen.*

> ***Individuelle Lösungen:*** *Was hat sich in eurer Arbeit bewährt? Was hilft dem zukünftigen Halter am meisten?*

Wenn nötig, umläuft er auf dem Weg Hindernisse und zeigt Kanten an. Gleichzeitig ignoriert er bei Bedarf Umwelteinflüsse, die für ihn keine Bedeutung haben sollen, wie z.B. die Ansprache und Lockversuche von anderen Menschen, erreichbares Essen und Ähnliches.

> ***Weitere Definitionen:*** *Details für zugehörige/integrierte Verhalten sind in den entsprechenden Trainingsplänen zu genauer zu definieren.*

Bereits bei der Beschreibung des Zielverhaltens wird deutlich, welche Vorkenntnisse der Hund optimalerweise haben sollte. Für diese gilt es natürlich ebenso, ausführliche Trainingsziele und -pläne zu schreiben, um ein möglichst genaues Bild im Kopf zu haben von dem, was wir haben möchten. Hier wird außerdem deutlich, wie umfangreich das gewünschte Verhalten eigentlich ist und welche großartigen Leistungen unser Hund vollbringen wird, wenn wir ihn korrekt vorbereiten.

Wie kommt man nun also zu einem Anfang? Mit Unterplänen und Zwischenschritten! Und zwar so vielen, wie eben nötig sind, um den Hund dort abzuholen, wo er gerade steht. Auch wenn wir am Ende alle Teile zu einem großen Verhalten zusammenfügen, gibt es doch nicht nur einen Weg und einen Startpunkt. Wir können auch mit einem Hund beginnen, der noch nie ein Führgeschirr gesehen hat und bereits einiges an Vorleistung erarbeiten, sodass das Verhalten später leicht in die Führarbeit zu integrieren ist. Beginnen wir also beispielhaft mit dem „Ablegen des Kinns auf einer ebenen Fläche in Sitzhöhe" als Teil des Endverhaltens, welches der Hund erlernen soll.

Startvoraussetzungen:

Der Hund kann in Anwesenheit von Futter konzentriert arbeiten (d. h. unter anderem, er kann sich bei Sichtkontakt zum Futter ohne Stressanzeichen abwenden, wenn die Aufgabe es erfordert), er ist auf einen Marker konditioniert und kann möglichst frustfrei in eine Pause geschickt werden.

Schritt 1: Erstellen des Verhaltens: Kinn in Handfläche ablegen (Kinntarget)

Vorteile:	*Nachteile:*
• *Die Hand ist ein sehr variables Target und kann bei Bedarf schnell auftauchen und verschwinden (das erleichtert die ersten Schritte ungemein)* • *Höhe und Winkelung sind einfach und schnell anpassbar* • *Das Target ist immer dabei, wenn man das Verhalten später in eine andere Umgebung übertragen möchte*	• *Eingeschränkte Positionierung des / der Trainierenden zum Hund* • *Eine Hand ist als Target geblockt* • *Vorarbeit wird vom Menschen häufig als Zeitverlust empfunden*

Der Hund befindet sich in einem ruhigen, ihm bekannten Trainingssetting. Der Trainer präsentiert seine flache Hand unmittelbar vor, leicht unterhalb der Schnauze des Hundes. In der anderen Hand hat er mehrere Futterstückchen und positioniert sie aus Sicht des Hundes hinter der Targethand, sodass der Hund mit einer minimalen Vorwärtsbewegung die Futterhand erreichen kann, während er mit seinem Kinn die Handfläche der anderen Hand berührt. Der Trainer gibt dem Hund die einzelnen Futterstückchen in einer Frequenz, die ihn zum ruhigen Verbleib in der Targethand animiert. Falls der Hund den Kontakt zur Targethand verliert oder wenn die Futterstücke verfüttert sind, werden beide Hände weggenommen. Die Hände werden nach einer Wartezeit von mehreren Sekunden wieder neu präsentiert, vorausgesetzt, der Hund verhält sich in diesem Moment erwünscht ruhig.

Dieser Schritt wird mehrfach wiederholt, dabei erscheint die Futterhand unmittelbar nach der Targethand und lockt den Hund so in die richtige Position. Zügig gehen wir dazu über, die Futterhand (sehr kurz) in schneller Bewegung wegzuziehen, um den Hund gleich wieder zu füttern, wenn das Kinn in der Handfläche verbleibt. Hierzu nehmen wir erst leichte Bewegungsrichtungen, in diesem Fall: nach unten und zunächst auch nur wenige Zentimeter. Diese werden langsam gesteigert, bis wir die Futterhand sogar nach oben führen können, ohne dass der Hund das Kinn von der Handfläche hebt. Zu diesem Zeitpunkt ist es wahrscheinlich, dass der Hund bereits bei Erscheinen der Targethand sein Kinn ablegen wird, ohne dass dieses Verhalten noch gelockt werden muss. Dieses Verhalten können wir markern und füttern.

Nun beginnen wir, die Targethand schrittweise in andere Positionen zu bringen, also mal einiger Zentimeter höher, tiefer oder weiter vom Hund entfernt. Die Varianz kann sich dabei an den üblichen Höhen von Sitzgelegenheiten orientieren und braucht zunächst auch keine weitere Entfernung als die eigene Armlänge.

Auch können wir ab jetzt unterschiedliche Startpositionen einführen: Sitz, Platz oder Steh.

Nun kann man seine Targethand dazu nutzen, um die Kinnablage auf verschiedene Sitzgelegenheiten zu übertragen.

<u>Schritt 2:</u> Übertragung des Kinntargets auf Sitzgelegenheiten

Einer der leichtesten Zwischenschritte ist an dieser Stelle, einen Stuhl in das Trainingssetting zu integrieren, in dem der Hund das Verhalten bisher geübt hat. Hier kann der Trainer evaluieren, ob der Hund das Handtarget auch nutzt, wenn es unmittelbar auf der Sitzfläche des Stuhls gegeben wird. Falls er das Verhalten noch nicht zeigt, müssen an dieser Stelle wieder kleinere Zwischenschritte eingefügt werden. Wenn der Hund das gewünschte Verhalten zeigt, kann unmittelbar ein (Arbeits)Signal eingeführt und der Ablauf einige Male wiederholt werden. Der Hund wartet in seiner Startposition unterschiedlich lange, bis sich in gleicher zeitlicher Reihenfolge unmittelbar nacheinander folgendes abspielt: Wortsignal, Targethand auf Sitzfläche positionieren, Hund legt Kinn ab, Marker und füttern.

> *Die Übertragung auf einen anderen Ort zu machen hat unterschiedliche Vor- und Nachteile. Erfahrene Trainer können sie auch gleich im öffentlichen Raum angehen, wenn sie sich der Risiken bewusst sind und entsprechende Lösungswege parat haben.*

Nach einigen Wiederholungen in gleicher zeitlicher Abfolge lässt der Trainer die Positionierung der Targethand weg und schaut, ob der Hund in seinem Bewegungs- und Verhaltensmuster bleibt und das Kinn auf den Stuhl legt. Dieses Verhalten wird gemarkert und gefüttert (Futterpunkt beachten). Falls nicht, wird

die vorherige Übung noch einige Male wiederholt. Die gleiche zeitliche Taktung erhöht hierbei die Wahrscheinlichkeit, dass der Hund das Verhalten ohne die Hand vorwegnimmt. Auch hier sind verschiedene Zwischenschritte möglich, z. B. könnte der Trainer die Bewegung der Targethand auch Stück für Stück ausschleichen, statt sie gleich im Ganzen wegzulassen.

Tipp zum Futterpunkt: *Mach dir, wann immer es geht, den Futterpunkt zunutze! Hier bedeutet das: Füttere so, dass das Kinn des Hundes in deiner Hand verbleibt oder noch besser: Füttere mehrere Stückchen und ziehe während des Fütterns die Targethand von der Stuhlfläche, sodass das Kinn bereits auf dem Stuhl aufliegt.*

Trainingsplan: Verhalten auf Signal, Signaldiskriminierung und Verhaltensgeneralisierung

Trainingsplan von Nadine Wachtmeister

Wenn der Hund das Verhalten auf sein Signal ohne die Targethand zeigt, achtet der Trainer noch bewusster darauf, das Verhalten nach unterschiedlich langer Wartezeit abzufragen und belohnt nur noch Verhalten, die auf das korrekte Signal gezeigt wurden. Hierbei achtet er auf eine neutrale Körpersprache, keine ungewollten Bewegungen und unterschiedliche Blickrichtungen. Besonders mit ihrer Blickrichtung geben Sehende häufig unbewusste Hinweise für den Hund, die wir immer wieder hinterfragen sollten. Wenn der Hund bereits ein passendes Alternativverhalten erlernt hat, kann dies hilfreich sein. So lernt der Hund auch gleich sein Signal aus den bereits bekannten Signalen für Sitz, Platz o. ä. zu diskriminieren.

Es handelt sich hier um einen groben Plan, der noch viele Zwischenschritte zulässt. Beachte also auf jeden Fall, dass du nur ein Kriterium zur Zeit veränderst und in einem Tempo fortschreitest, das eine schaffbare Herausforderung für deinen Hund ist.

Während der Hund lernen soll, sein Signal eindeutig zu unterscheiden, soll sein Verhalten eine gewisse Bandbreite haben. Daher kann nun auch damit begonnen werden, die Position des Stuhls im Raum und die Distanz zum Hund zu variieren.

Im nächsten Schritt wird die Sitzgelegenheit erneut ersetzt. Falls der Hund die Übertragung nicht gleich auf das Wortsignal schafft, kann nochmal kurzfristig die Targethand zur Erinnerung genutzt werden. Orientiere dich hier wieder am Ablauf von Schritt 2. Wenn die Übertragung mit mehreren Sitzgelegenheiten erfolgreich war, können diese auch in anderen Räumen, auf der Terrasse oder ähnlichem abgefragt werden.

Bedenke, dass Hilfen bewusst und eindeutig gegeben werden sollten, um diese zeitnah wieder vollständig abbauen zu können. Zucke ich nur kurz oder lasse ich meine körpersprachlichen Hinweise immer kleiner werden, bringe ich dem Hund womöglich ein immer genaueres Hinsehen bei, statt den Fokus auf das erwünschte Wortsignal zu legen.

Inwieweit die Vorbereitungen im kontrollierten Rahmen stattfinden und ab wann die „Übertragung ins echte Leben" stattfindet, entscheidet jeder Trainer aus der eigenen Erfahrung heraus und mit Blick auf die Stärken und Schwächen des jeweiligen Hundes. Erfahrene Trainer bauen durchaus das Verhalten gleich „in freier Wildbahn auf". Für (noch) leicht ablenkbare Hunde kann es auf der anderen Seite hilfreich sein, auch die Unterscheidung, ob ein Sitzplatz frei oder belegt ist, in gewohnter Umgebung vorzutrainieren. Doch auch erfahrene Trainer sollten nicht in die Falle tappen und Wege gehen, „weil ich das schon immer so gemacht habe …". Nicht jeder Hund ist gleich. Nicht alles, was dem Zielverhalten nicht auf den ersten Blick sehr ähnelt, ist auch wirklich ein Umweg. Es kann auch eine versteckte Abkürzung sein. Also gilt es immer, Vor- und Nachteile für die individuelle Situation abzuwägen.

Übertragung ins echte Leben

Ich baue die Grundzüge eines Verhaltens gerne zuhause bzw. in gewohnter Umgebung auf, denn hier habe ich (fast) alle Umstände völlig unter Kontrolle. Ich kann Schwierigkeitsstufen variabel verändern, kann jederzeit Pause machen, umplanen und Ablenkungen gezielt beginnen oder aussetzen. So gewährleiste ich eine optimale Lernumgebung für meinen Hund und stelle das erwünschte Verhalten entsprechend schnell und sicher her. Doch das Stichwort sollte hier wirklich „schnell" sein, dafür ist das Training unter Laborbedingungen da. Es soll mich unterm Strich keine Zeit kosten, sondern diese einsparen, indem ich Fehler vermeidbar mache, die „draußen" unvermeidbar wären. Gleichzeitig sollte ich mich also nicht zu lange in meiner Wohlfühlumgebung einnisten, das echte Leben hat immer noch Überraschungen auf Lager, die ich nicht eingeplant habe. Gut vorbereitet kommt mein Hund auch hier schnell zum Erfolg und kann das Gelernte bald auf die unterschiedlichen Gegebenheiten in der Umwelt anpassen.

Die Übertragung auf eine Parkbank läuft schließlich genauso ab wie die auf den heimischen Küchenstuhl. Beginnend aus nächster Nähe und in ruhiger Umgebung, ggf. mit dem Handtarget als Erinnerung, dann mit zunehmender Entfernung und später auch steigender (möglicher) Ablenkung. Die Wahrscheinlichkeit, dass der Hund gleich richtiges Verhalten zeigt, ist auch deswegen deutlich höher, weil der Trainer seine individuellen Neigungen zu unerwünschtem Verhalten schon gesehen und erfolgreich in die richtigen Bahnen gelenkt hat. Auch für den Trainer ist der Ablauf also klarer, er kann schneller reagieren und dem Hund so einen reibungsloseren Trainingserfolg ermöglichen.

Differenzierte Belohnung: *Je schwieriger die Aufgabe für den Hund bei seinem aktuellen Lernstand ist, desto höher ist übrigens auch seine Bezahlung! Die ruhige Bank im leeren Park, von der ich kaum zwei Meter entfernt stehe, gibt ein Futterstück. Der letzte Platz in der Bushaltestelle, vorbei an lauten Schulkindern, gibt eine Schnitzelparty! Nicht im wahrsten Sinne des Wortes, aber durchaus spürbar für den Hund, sowohl in meiner emotionalen Reaktion als auch im Wert des Futters (Quantität und / oder Qualität, seid hier ruhig kreativ).*

Trainingsplan: Aufsuchen und Anzeigen einer Ampel

Zielverhalten: Der Hund soll auf das Wortsignal „Ampel" prompt und mit angemessener Führgeschwindigkeit auf dem kürzesten und möglichst ungefährlichen Weg unter jeglicher Ablenkung (Menschen stehen z. B. vor der Ampel, Fahrradfahrer blockiert die Ampel usw.) eine Ampel aufsuchen.

Dies soll er mit einem stationären Nasentarget anzeigen. In ca. bis zu 15 Metern Entfernung bremst der Hund vor dem Anzeigen kurz ab (da sonst die Gefahr besteht, dass Mensch mit Kopf an den Ampelmasten stößt) und berührt, falls vorhanden, mit der Nase den Drückerkasten (wenn nicht, dann den Ampelmast) für das akustischen Signal zum Überqueren für den Führhundhalter.

Voraussetzung: Der Hund ist leinenführig.

1. Aufbau eines stationären Nasentargets, Sichtsignal rechte Hand (Signal für rechtes Handtarget) mit Warten auf das Sichtsignal

2. Ich stelle mich stehend mit meinem angeleinten Hund, der sich links neben mir befindet, direkt vor eine Ampel, idealerweise mit einem Drücker. Hierbei ist es mir egal, ob sich die Ampel in einem ruhigen Wohngebiet befindet oder in einer belebten Innenstadt, da Generalisierung von Anfang an schneller zum Trainingserfolg führt.

3. Meinen Abstand zur Ampel wähle ich so, dass die Nase meines Hundes nur ca. 2 – 3 cm Abstand zum Drücker hat, oder, wenn der Drücker nicht auf Na-

senhöhe ist, was meist der Fall ist, wähle ich den Abstand ebenfalls nur ca. 2–3 cm Abstand zum Ampelmast.

Tipp: *Ich bereite mich schon so gut vor und nehme ein paar Leckerchen in die linke Hand, in der ich auch die Leine halte, um meinen Hund am Anfang direkt aus der linken Hand und direkt an meinem Handtarget/Drücker füttern kann. Das bedeutet, dass ich sehr gut in meinem Handling sein muss. Hier kannst du auch gerne Trockenübungen machen, bevor der Hund mit ins Spiel kommt – dies hat sich so oft bei mir bewährt, dann wenn das Tier erstmal dazukommt und ich mein Handling, sprich, Leine halten, füttern, Handtarget präsentieren usw. nicht beherrsche, geht es schon planlos los – was habe ich mir dadurch schon an Verhalten kaputt gemacht, weil ich mein Handwerk nicht beherrscht habe!*

4. Ich präsentiere mein Sichtsignal „rechte Hand" an den Drücker oder an den Mast der Ampel, um das Verhalten auszulösen, idealerweise so, dass es für meine Hund am besten mit der Nase zu erreichen ist.

Präsentation des Sichtsignals rechte Hand als Target am Ampelmast, um das Verhalten auszulösen.

Später berührt der Hund auf das Wortsignal „Ampel" mit der Nase den Ampelmast.

5. Nach 2 Sekunden kommen mein Markerwort und ein Leckerchen aus der linken Hand direkt an meiner rechten Hand (Futterpunkt!), ein weiteres Leckerchen bekommt der Hund in der Ausgangsposition, damit das Warten auf das Sichtsignal „rechte Hand" beibehalten wird und mein Hund es nicht vorwegnimmt.

6. Nach fünf Wiederholungen führe ich nun mein Wortsignal „Ampel" ein.

7. Wortsignal „Ampel", Sichtsignal rechte Hand, Verhalten wird ausgelöst, nach 2 Sek./Markerwort/1 Leckerchen aus der linken Hand, direkt an meinem rechten Handtarget.

8. Nach fünf Wiederholungen baue ich mein rechtes Handtarget (Sichtsignal) ab, das bedeutet, ich lasse meine rechte Hand weg und gebe nur noch mein Wortsignal „Ampel".

9. Berührt mein Hund mit der Nase den Drücker oder Ampelmast, kommen nach zwei Sekunden Markerwort und Leckerchen aus der linken Hand direkt an Drücker oder Ampelmast (Futterpunkt!).

10. Fünf Wiederholungen

11. Funktioniert es noch nicht (was selten vorkommt), gehe ich wieder Trainingsschritte zurück, ich nehme wieder mein Handtarget zur Hilfe und teste nach drei Wiederholungen erneut, ob das Verhalten alleine auf „Ampel" ausgeführt wird.

12. Funktioniert es, füttere ich jetzt aus der rechten Hand direkt am Drücker oder Ampelmast.

13. Wiederholung mit Verlängerung der Dauer (im Schnitt 10 Sek.)

14. Abstand um 10 cm erhöhen (Endziel: Der Hund soll später auf 15 Meter eine Ampel aufsuchen und anzeigen können).

15. Zeigt mein Hund das gewünschte Verhalten, fange ich an, das Verhalten unter Druck zu setzen (z. B. mit meiner Futterhand wedeln, mit meiner Futterhand hinter dem Hund wedeln, anders ausrichten, ich tippele auf der Stelle usw.). Hier sind deiner Kreativität keine Grenzen gesetzt und es macht mir persönlich Spaß, wenn ich das Verhalten so gut aufgebaut habe, dass mein Hund es unter jeglicher Ablenkung zeigt. Und wie stolz der Hund dann erst ist, dass er das kann!

16. Jetzt beginne ich weiter in 10 cm-Schritten die Entfernung zu erhöhen, bis ich bei einer Entfernung von einem Meter zur Ampel in gerader Linie angelangt bin.

17. Ich starte ich aus immer schrägeren Winkeln zur Ampel und lasse mir den Drücker oder Ampelmast auf das Wortsignal „Ampel“ anzeigen. Hierbei nehme ich auch gerne eine Hilfestellung mit „Links Ampel“ oder „Rechts Ampel“, vorausgesetzt, der Hund kennt die Signale „Links“ und „Rechts“. Ich habe die Erfahrung gemacht, dass ich das Verhalten schneller herstellen kann, wenn ich die Hilfestellung der Richtung angebe, was ich dann natürlich auch wieder abbauen muss.

18. Ich erhöhe in 50 cm-Schritten den Abstand zur Ampel in gerader Linie, bis der Hund aus ca. 15 Metern die Ampel selbständig aufsucht und auf das Wortsignal „Ampel“ anzeigt.

19. Dito Anlaufwinkel der Ampel

20. Zeigt mein Hund das gewünschte Verhalten jetzt aus ca. 15 Metern Entfernung aus jeder Richtung unter jeglicher Ablenkung, beginne ich mit der Generalisierung.

Hier zeigt Aaron den Signalgeber der Ampel als stationäres Nasentarget an.

__Anmerkung:__ Ich generalisiere von Anfang an, das heißt, ich trainiere die verschiedensten Ampelanlagen und halte mich nicht nur an dieser einer Ampel auf, bis der Hund das gewünschte Verhalten zeigt. Das wäre „Training mit angezogener Handbremse", wie Viviane Theby immer so schön sagt!

Trainingsplan: Aufsuchen und anzeigen (Lift / Aufzug)

Zielverhalten: Der Hund soll auf das Wortsignal „Lift" prompt und mit seiner üblichen Führgeschwindigkeit auf dem kürzesten, möglichst ungefährlichen Weg unter jeglicher Ablenkung (Menschen, Koffer usw. blockieren den Aufzug) einen Lift aufsuchen und mit einem stationären Nasentarget anzeigen. Der Hund bremst vor dem Anzeigen des Aufzuges / der Tür kurz ab und berührt mit der Nase den Eingang des Lifts. Der Hund soll den Lift aus 15 Metern Entfernung aufsuchen und anzeigen können.

Voraussetzung: Der Hund ist leinenführig.

1. Aufbau eines stationären Nasentargets, Sichtsignal rechte Hand, was zugleich mein Handtarget ist.

2. Ich stelle mich stehend mit meinem angeleinten Hund, der sich links neben mir befindet, direkt vor den Aufzug.

3. Meinen Abstand zum Aufzug wähle ich so, dass die Nase meines Hundes nur ca. 2 – 3 cm Abstand zum Aufzug hat.

4. Ich präsentiere mein Sichtsignal rechte Hand, das zugleich mein Handtarget ist, an den Aufzug (Eingang Mitte), um das Verhalten auszulösen, idealerweise so, dass es für meine Hund am besten mit der Nase zu erreichen ist. Hier gilt wie immer, dem Hund es so einfach wie möglich zu machen.

5. Nach 2 Sek. Markerwort, ein Leckerchen aus der linken Hand direkt an meiner rechten Hand. Ein Leckerchen bekommt der Hund in der Ausgangsposition, damit das Warten auf das Sichtsignal beibehalten wird und mein Hund es nicht vorwegnimmt.

6. Nach fünf Wiederholungen führe ich nun mein Wortsignal „Lift" ein.

7. Wortsignal „Lift", Sichtsignal rechte Hand, was zugleich mein Handtarget ist. Verhalten wird ausgelöst, nach 2 Sek. Markerwort / Leckerchen aus der linken Hand, direkt an meinem rechtem Handtarget.

8. Nach fünf Wiederholungen baue ich mein rechtes Handtarget ab, das bedeutet, ich lasse meine rechte Hand weg und gebe nur mein Wortsignal „Lift".

9. Berührt mein Hund mit der Nase den Lift, 2 Sek. / Markerwort / ein Leckerchen aus der linken Hand, direkt an Mitte Eingang Lift.

10. Fünf Wiederholungen

11. Klappt es noch nicht (was selten vorkommt) gehe ich wieder Trainingsschritte zurück: Ich nehme wieder mein Handtarget zur Hilfe und teste nach drei Wiederholungen erneut, ob das Verhalten alleine auf „Lift" ausgeführt wird.

12. Funktioniert es, füttere ich jetzt aus der rechten Hand direkt an der Mitte des Lifteingangs.

13. Wiederholung mit einer Verlängerung der Dauer von im Schnitt von 10 Sek.

14. Abstand erhöhen um 10 cm (Ziel: der Hund soll bis zu 15 Meter den Lift aufsuchen und anzeigen können).

15. Zeigt mein Hund das gewünschte Verhalten, fange ich auch hier an, das Verhalten unter Druck zu setzen (z. B. mit meiner Futterhand wedeln, mit meiner Futterhand hinter dem Hund wedeln, anders ausrichten, ich tippele auf der Stelle usw.).

16. Jetzt beginne ich in weiteren 10-cm-Schritten die Entfernung zu erhöhen, bis ich bei einer Entfernung von einem Meter zum Lift in gerader Linie angelangt bin.

17. Ich starte ich aus immer schrägeren Winkeln zum Lift und lasse mir den Eingang zum Aufzug auf das Wortsignal „Lift" aufsuchen und anzeigen. Hierbei nehme ich auch gerne eine Hilfestellung mit „Links Lift " oder „Rechts Lift", vorausgesetzt der Hund kennt die Signale „Links" und „Rechts". Ich habe die Erfahrung gemacht, dass ich das Verhalten schneller herstellen kann, wenn ich die Hilfestellung der Richtung angebe, was ich dann natürlich auch wieder abbauen muss.

18. Ich erhöhe in 50 cm-Schritten den Abstand zum Lift in gerader Linie, bis der Hund aus ca. 15 Metern den Aufzug selbständig aufsucht und auf das Wortsignal „Lift " anzeigt.

19. Dito Anlaufwinkel des Aufzugs

20. Zeigt mein Hund das gewünschte Verhalten jetzt aus ca. 15 Metern Entfernung aus jeder Richtung unter jeglicher Ablenkung, beginne ich mit der Generalisierung.

Wie du bestimmt schon gemerkt hast, ist es immer das gleiche Prinzip (siehe Trainingsplan Ampel) – es ist ein Konzept, das aufeinander aufbaut. Wenn dein Hund ein Anzeigeverhalten, z. B. die Ampel, verstanden hat, dann geht alles andere, was das Anzeigeverhalten angeht, quasi ganz von allein. Für mich ist es immer wieder erstaunlich, was Hunde leisten und wie schnell sie Konzepte verstehen und es sofort auf ein völlig anderes vom Menschen erwünschtes Verhalten umsetzen können. Großartig!

Anzeigeverhalten Briefkasten

Hindernisse und andere Gefahren

Trainingsplan: Anzeigen eines Hindernisses, Höhenhindernis

Zielverhalten: Der Hund soll im Führgeschirr bei einem Bodenhindernis (Bodenkabel, Baustellenbrett, Pfütze, Koffer usw.) oder Höhenhindernis (Schranke, Absperrbänder, Straßenschilder, herunterhängende Äste, Markisen usw.), das für den Menschen zur Gefahr werden kann, mit genügend Abstand, sodass der Mensch sich nicht verletzen kann, anzeigen (stehenbleiben) und mit dem Signal „Weiter" das Hindernis in sicherem Abstand umlaufen, sodass der Mensch es weder streift noch berührt. Ist ein Umlaufen nicht möglich, z. B. bei einer Baustellenabsperrung, soll er es mit einer Kehrtwendung verweigern.

Voraussetzung: Der Hund kennt die Signale „Steh", „Weiter", sowie „Links" und „Rechts" an Bord.

1. Ich baue mir auf einem Gehweg in einem ruhigen Wohngebiet ein Hindernis auf. Hierzu benutze ich sehr gerne Elemente aus dem Agilitysport wie z. B. die Kegelhürden oder die Hürden aus dem Parcours. Sie sind schnell auf- und abgebaut und leicht in der Höhe verstellbar.

2. Ich laufe mit meinem Hund, der sich angeleint links neben mir befindet, auf das Hindernis zu und gebe ihm das Signal „Steh", wenn wir uns auf Armeslänge vor dem Hindernis befinden.

3. Steht er, gibt es Markerwort / Leckerchen. Hier gebe ich anfangs drei, damit es sich wirklich für den Hund lohnt, stehen zu bleiben. Das Leckerchen präsentiere ich so, dass mein Hund die Blickrichtung auf das Hindernis hat.

4. Dann gebe ich das Signal „Weiter". Bietet der Hund das Verhalten „Links an Bord" oder „Rechts an Bord" (jenachdem, auf welcher Seite sich von uns die Bordsteinkante befindet) von allein an, Markerwort und Futterpunkt an Bordsteinkante. Auch hier ist anfangs meine Belohnungsrate sehr hoch (drei Leckerchen) oder noch besser sehr hochwertig, z. B. Käse oder Wurst, da es sich wirklich um ein sehr teures Verhalten des Hundes handelt und für die

Zukunft seines Menschen lebenswichtig ist. Also spare bitte nicht mit deiner Belohnung.

5. Hat der Hund noch keine Idee, gebe ich zur Hilfestellung das Signal „Links an Bord" oder „Rechts an Bord", je nachdem, auf welcher Seite sich die die Bordsteinkante befindet, und belohne in Bordposition.

> ***Trainingstipp:*** *Alternativ kann ich auch nur das Handsignal links oder rechts geben anstatt das Wortsignal (siehe Trainingsplan links und rechts). Später kann ich dadurch meine Signale durch das Prinzip „neu vor alt" etablieren, z. B. setze ich vor das „Links" oder „Rechts an Bord" bzw. vor das Handsignal ein „Weiter" ein.*

6. Dann gebe ich wieder das Signal „Weiter".

7. Der Hund verlässt auf das Wortsignal „Weiter" den Gehweg bzw. die Kante, die er mir zuvor angezeigt hat. Ich gebe hier keine Futterbelohnung, da ich den Lauf nicht unterbrechen möchte. Zum einen ist es später lebenswichtig für den Menschen, die Straße zügig zu verlassen, zum anderen muss ich sonst später wieder zu viele Hilfestellungen abbauen – das ist mir zu viel Aufwand und kostet unnötig viel Zeit. Ich trainiere hier sehr gern mit dem Keep-Going-Signal (nach dem Prinzip „das ist gut, was du mir zeigst, mach weiter so") und verstärke somit das zügige Weitergehen auf der Straße, bis der Hund wieder die Bordsteinkante zum weiterführenden Gehweg anzeigt.

8. Zeigt der Hund mir von allein den weiterführenden Gehweg bzw. die Kante zum weiterführenden Gehweg „Links an Bord" oder „Rechts an Bord" an, Markerwort/Futterpunkt auf der Kante, hohe Belohnungsrate (drei Leckerchen) oder hochwertige Belohnung

9. Hat der Hund noch keine Idee, gebe ich die Hilfestellung „Links an Bord" oder „Rechts an Bord", jenachdem, auf welcher Seite sich die Bordsteinkante befindet.

***Trainingstipp:** Bevor du deine Hilfestellung „Links an Bord" oder „Rechts an Bord" gibst, bleibe vorher stehen oder verzögere zumindest dein Tempo. Meine Erfahrung hat gezeigt, dass sich die meisten Hunde leichter tun, wenn ich vorher mit ihnen stehen bleibe und dann erst mein Signal gebe.*

10. Nachdem mir mein Hund die Bordsteinkante für den weiterführenden Gehweg angezeigt hat, Markerwort/Futterpunkt auf der Kante, hohe Belohnungsrate (drei Leckerchen) oder hochwertige Belohnung.

11. Während der Hund noch mit seinen Vorderpfoten auf der Kante steht, gebe ich das Signal „Weiter". Ich gebe hier ganz bewusst keine Hilfestellung mit „Links weiter" oder „Rechts weiter" – das ist unnötig, denn es wäre völlig unlogisch auch für den Hund, wieder in Richtung des Hindernisses zu laufen. Du wirst selbst merken, dass du einige Dinge gar nicht expliziert trainieren musst – die Hunde zeigen vieles von allein, wenn du gutes Grundlagentraining mit ihnen geübt hast.

Ich habe mir also eine Kette aus einem neuen und mehreren alten Elementen im Vorwärtsaufbau gebaut:

- Steh
- Abbiegen an Bord „Weiter"
- Links und rechts an Bord
- Auf der Straße parallel laufen auf „Weiter"
- Wieder an Bord gehen
- Auf „Weiter" nach links oder rechts (Straße befindet sich linksseitig oder rechtsseitig) auf den Gehweg gehen
- Auf dem Gehweg weiterlaufen mit „Weiter" in Laufrichtung

Klappt dies alles, beginne ich das Verhalten unter Druck zu setzen. Ich lege zum Beispiel eine Wurstsemmel oder Futter auf den Gehweg oder lasse andere Personen den Hund locken. Ich hinterfrage jedes Verhalten kritisch, denn es kann dort draußen so viel passieren – und der Hund „muss" unter jeglicher Ablenkung seinen Menschen immer noch sicher führen können, egal, was im Außen passiert.

Jetzt kannst du diesen Trainingsplan an verschiedensten Hindernissen umsetzen, wie z. B. Bodenkabel, Pfützen, Baustellenbretter, ein auf dem Gehweg parkendes Auto, Mülltonnen usw.

!

Der beschriebene Trainingsweg ist einer von vielen möglichen! Es gibt noch x weitere Variationen, um Hindernisse zu trainieren, und dir diese alle nahezubringen würde den Rahmen des Buches sprengen. Ich könnte alleine über Trainingspläne in der Führarbeit ein ganzes Buch schreiben!

Trainingsplan: Anzeigen eines Höhenhindernisses

Zielverhalten: Der Hund soll im Führgeschirr bei einem Bodenhindernis (Bodenkabel, Baustellenbrett, Pfütze, Koffer usw.) oder Höhenhindernis (Schranke, Absperrbänder, Straßenschilder, herunterhängende Äste, Markisen usw.), das für den Menschen zur Gefahr werden kann, mit genügend Abstand, sodass der Mensch sich nicht verletzen kann, anzeigen (stehenbleiben) und mit dem Signal „Weiter" das Hindernis in sicherem Abstand umlaufen, sodass der Mensch es weder streift noch berührt. Ist ein Umlaufen nicht möglich, z. B. bei einer Baustellenabsperrung, soll er es mit einer Kehrtwendung verweigern.

Voraussetzung: Der Hund kennt die Signale „Steh", „Weiter", „Links" und „Rechts" sowie das Anzeigen eines Blicktargets, z. B. eine kreisrunde Gummimatte mit einem Durchmesser von 10 cm und mit doppelseitigem Klebeband, die man an allen möglichen Hindernissen befestigen kann. Das wiederum verknüpfe ich mit dem Wortsignal „Schau", damit ich ein Anschauen des Targets auslösen kann und damit dem Hund das Wahrnehmen des Höhenhindernisses erleichtere. Du kannst dir auch eine Person ans Hindernis mit dem Target stellen, diese Hilfestellung musst du dann natürlich wieder abbauen. Du siehst, es gibt viele Möglichkeiten – und wie alles im Leben haben alle ihre Vor- und Nachteile.

1. Ich steigere nun den Schwierigkeitsgrad und stelle jetzt mein Hindernis (Stange der Agilityhürde) auf zweifache Kopfhöhe ein.

2. Stehe ich nun vor dem Problem, dass der Hund das Hindernis nicht als Höhenhindernis wahrnimmt, kann ich das zuvor trainierte optische Target mittig an der Stange anbringen. Somit kann ich meinen Hund mit dem Signal „Schau", in den Moment, in dem er stehenbleiben soll, darauf aufmerksam machen. Ich laufe also mit meinem Hund auf das Höhenhindernis zu, und kurz bevor der Abstand von einer Armeslänge erreicht ist, gebe ich das Signal „Schau" und sofort danach das Signal „Steh". So bildet sich eine kleine Verhaltenskette und der Hund lernt im besten Fall, auf Hindernisse oberhalb seiner Augen und seines Kopfes zu achten.

3. Nach mehreren Wiederholungen, wenn mein Hund beginnt, das Schauen und Stehenbleiben vor dem Hindernis zu „verstehen", lasse ich versuchsweise das Target sowie das Signal „Steh" weg.

4. Zeigt mein Hund dieses Verhalten zuverlässig, erhöhe ich bei jedem weiteren Trainingsschritt die Stange meiner Hürde

5. So kann ich die Höhe bis zu zwei Meter variieren.

Jetzt gilt es wieder, das Anzeigeverhalten unter Druck zu setzen. Da jeder Hund anders ist und seine ganz speziellen Vorlieben hat, erstelle ich gerne eine Baseline für den jeweiligen Hund, das bedeutet, ich finde heraus, was er am liebsten mag – das kann z.B. Käse, Spielzeug, ein Lieblingsmensch, Wurst, eine alte Stinkesocke usw. sein. In dem Bereich unter/bzw. kurz hinter dem Hindernis positioniere ich nun die oben genannten Ablenkungen/potenziellen Verstärker. Du fängst mit der für den Hund einfachsten Verleitung an, deshalb die Baseline, um zu wissen, was schwer und weniger schwer für deinen Hund ist.

Höhenhindernis 1: Hier übe ich mit Ida das Stehenbleiben vor der Schranke mit dem Signal „Steh“, das ich später wieder abbaue.

Höhenhindernis 2: Hier achte ich darauf, den Futterpunkt so zu wählen, dass der Hundekopf nach vorne zeigt.

Höhenhindernis 3: Ida umläuft mit Wortsignal „Weiter" das Höhenhindernis.

Ich fange also mit der für den Hund einfachsten Verleitung an, um sie dann bei jedem weiteren Trainingsschritt zu steigern. Es ist ein absolut teures Verhalten, wenn der Hund trotz Ablenkung das gewünschte Verhalten zeigt, deshalb gibt es hier immer eine Riesenbelohnung von mir. Die Belohnung muss allerdings hochwertiger sein als das, was unter oder kurz hinter dem Hindernis liegt. Also belohne deinen Hund bitte nicht mit einem trockenen Leckerchen, wenn unter dem Hindernis die Frikadelle liegt. Das ist dann keine Belohnung für ihn.

Nun habe ich einen Hund, der zu 100 % vor einem Höhenhindernis stehen bleibt. Das ist schonmal sehr gut und schützt den Menschen vor Verletzungen, allerdings möchten wir weitergehen bzw. unseren Weg weiter fortsetzen. Wie erkläre ich das meinem Hund jetzt am besten?

Hierzu ein Beispiel:

Ich stehe mit meinem Hund vor einer Schranke zu einem Parkplatz, den ich überqueren muss. Rechts davon ist ein kleiner Durchgang von etwa drei Metern Breite, sodass ein Mensch hindurch kommt, aber kein Auto.

1. Der Hund bleibt vor Schranke stehen, so, wie ich es ihm zuvor beigebracht habe – Markerwort / Futter.

2. Während der Hund steht, gebe ich das Signal „Rechts weiter" und, wenn er losgeht, Markerwort / Futter. Das Geben des Leckerchens erfolgt in Bewegung, sprich im Laufen, sonst besteht die Gefahr, dass ich den Hund nur unnötig zum Stoppen bringe. Er soll im besten Fall lernen, seinen Weg zügig fortzusetzen. Eine Alternative wäre das Keep-Going-Signal, das im Moment meine Lieblingsvariante ist.

3. Wenn sich mein Hund auf Höhe des Durchgangs neben der Schranke befindet, gebe ich das Signal „Steh" und Markerwort / Futter.

4. Nun kann ich meinen Hund mit dem Signal „Rechts weiter" in den Durchgang schicken. Ich wähle hier gezielt den Futterpunkt, *nachdem* mich der Hund durch den Durchgang geführt hat, um hier auch wieder unnötiges Stoppen zu vermeiden. Erst nachdem mich mein Hund durch den rechten

Durchgang neben der Schranke geführt hat, kommt mein Markerwort/Futter.

5. Das wiederhole ich höchstens drei Mal. Ich halte mich nicht sehr lange damit auf, immer und immer wieder Hilfestellungen einzubauen. Natürlich muss ich je nach Setting unterscheiden, wo der Hund eine Hilfestellung braucht und wo nicht, wo muss ich Trainingsschritte zurück gehen wo nicht, um ein fehlerfreies Lernen zu erlangen.

6. Dann beginne ich meine Signale und mein Futter, das ich als Hilfestellung eingebaut habe, abzubauen.

7. Der Hund bleibt vor dem Hindernis stehen – Markerwort ohne Futter. ***Achtung***: ich habe mehrere Markerwörter! „Gut" bedeutet das Versprechen auf Futter, „super" bedeutet kein Futter, trotzdem wird hier der Hund verbal und emotional in seinem Verhalten verstärkt.

8. Dann folgt das Signal „Weiter" mit Markerwort ohne Futter, wenn der Hund losgeht.

9. Auf Höhe des Durchganges folgt das Signal „Weiter rechts" als Keep-Going-Signal, um ihn durch den Durchgang zu schicken.

10. Nachdem mich mein Hund durch den Durchgang geführt hat, erfolgt mein Markerwort mit Futter und hier ist meine Belohnungsrate sehr hoch, damit er im besten Fall lernt: Aha, wenn ich hier durch bin, kommt das Futter! Ich kann so also den Futterpunkt zu meinem Vorteil nutzen und das wiederum vereinfacht das Abbauen meiner Hilfestellungen enorm, da der Hund mich (meistens) dort hinführt, wo er seine Belohnung, sprich Futter erhält. Und falls nicht, muss ich wieder Trainingsschritte zurückgehen. Wie schon oben beschrieben, sind Pläne zum Ändern da.

Trainingsplan: Abgrundverweigerung
(Am Beispiel: Weiße Linie vor dem Abgrund bzw. Bahngleis)

Zielverhalten: Der Hund soll im Führgeschirr bei Anlaufen eines Abgrundes bzw. einer Leitlinie (z. B. weiße Linie an Bahnsteigkante) egal aus welcher Richtung und unter jeglicher Ablenkung, in ca. einer Gespannbreite vor dem Abgrund eine Volte nach rechts wegdrehen, damit er automatisch zwischen Mensch und Abgrund ist. Der Abgrund soll zum Signal für „rechts abdrehen" für den Hund werden.

Auch hier gibt es wieder die verschiedensten Varianten. Du kannst die Abgrundverweigerung mit einem erhöhten Bodentarget, mit einer Fliegenklatsche als Target oder mit Managmentmaßnahmen wie z. B. einer Absperrung mit einem Karton oder Brett trainieren. Mir ist das persönlich alles zu aufwändig und dauert mir zu lange, da ich so viel wieder abbauen muss, auch habe ich keine Lust, Targets oder irgendwelche Kartonagen mitzuschleppen. Deshalb hier mein für mich schnellster und effektivster Trainingsweg, um eine Abgrundverweigerung zu trainieren.

Die zuverlässige Abgrundverweigerung gehört zu den wichtigsten Dingen, die ein Blindenführhund beherrschen muss.

Achtung Grundlagen!

Die Abgrundverweigerung gehört zum Wichtigsten, was ein Blindenführhund können muss. Hier geht es schließlich möglicherweise um das Leben eines Menschen! Da das Verhalten also solide aufgebaut sein muss und ich auch nicht möchte, dass der Hund sich in Gefahr bringt, trainiere ich es erst dann, wenn mein Hund das Anzeigeverhalten sowie die Hindernisarbeit zuverlässig unter jeglicher Ablenkung zeigt. Jedes Verhalten baut auf das andere auf. Du ersparst dir mit guter Grundlagenarbeit viel Arbeit und Zeit. Vor allem verhilfst du deinem Hund zu einem stabilen Grundgerüst, auf das er sein Leben lang zurückgreifen kann, wenn er auf sich allein gestellt ist. Das ist deine und meine Verantwortung gegenüber Mensch und Hund!

Voraussetzung: Der Hund kann das Signal „Steh“ und das Handtarget.

1. Der Hund wird an der Leine in Fußposition senkrecht vor die weiße Linie geführt.
2. Wenn sich der Hund ca. eine Gespannbreite vor der weißen Linie befindet, gebe ich das Signal „Steh“.
3. Hund steht vor der Linie – Markerwort / Futter.

➔ Wiederholung 3 x.

4. Hund steht mit einer Gespannbreite und dem Signal „Steh“ vor der weißen Linie. Die Belohnung erfolgt durch das Signal „Weiter“, somit kann ich mein Futter so schnell wie möglich wieder abbauen.
5. Nach dem Signal „Weiter“ erfolgt sofort mein rechter Handtarget, den ich eine Armlänge rechts von mir weg und auf Höhe des Hundes präsentiere, um somit die Rechtswendung auszulösen.

6. Der Hund dreht nach rechts ab, um mein Handtarget mit der Nase anzuzeigen.

7. Markerwort – Handtarget sofort weg und Futter/Futterpunkt so, dass der Kopf weg vom Abgrund zeigt.

➔ Wiederholung 5 x.

8. Klappt das, beginne ich mein Target nach dem Signal „Steh" abzubauen. Dies wird nun sicher funktionieren, da ich schon so viel Masse auf diesem Verhalten sowie dem Umlaufen des Hindernisses habe, dass es wirklich für den Hund eine Leichtigkeit ist und er das Konzept „verstanden" hat.

9. Der Hund wird an der Leine in Fußposition senkrecht vor die weiße Linie geführt und bleibt eine Gespannbreite vor der Linie stehen, Markerwort ohne Futter (wie schon oben beschrieben, ich habe mehrere Marker).

10. Ich gebe das Signal „Weiter", an dieser Stelle baue ich damit mein Wortsignal „Steh" ab, der Hund dreht rechts ab. Markerwort – 3 x Futter, hohe Belohnungsrate, da teures Verhalten des Hundes.

Klappt das, erfolgt nun die Generalisierung der Abgrundverweigerung und ich muss das Verhalten natürlich unter Druck setzen, um hier kritisch zu hinterfragen, denn der Hund muss in der Lage sein, eine belastungsfähige Abgrundverweigerung zu zeigen. Ich kann dazu zum Beispiel in dem Bereich hinter der weißen Linie eine Schwierigkeit in Form einer Verleitung einbauen – hier gilt allerdings wie schon oben beschrieben das Erstellen einer Baseline, damit du weißt, ab wo es für deinen Hund schwierig wird. Wir fangen also immer mit dem leichtesten an und steigern uns Schritt für Schritt.

Im Bereich hinter der weißen Linie positioniere ich eine Verleitung:

- Futter
- Wurstsemmel

- Spielzeug
- Lieblingsmensch
- Lieblingsmensch mit Futter
- Lieblingsmensch mit Spielzeug

Schafft es der Hund trotz dieser Ablenkung, sein erlerntes Verhalten zu zeigen, gibt es eine große Belohnung und einen Freudetanz von mir.

Als Nächstes kann ich noch den Anlaufwinkel zum Abgrund variieren, denn es gibt verschiedenste Positionen, in denen sich Hund und Mensch vor dem Abgrund befinden können, und die sollte ich auch trainieren.

Sei mit dir selbst im Reinen!

Nach Plan zu trainieren und dein Handwerk zu beherrschen ist das eine, aber was ist mit deinen Emotionen? Kannst du immer noch ein guter und wertschätzender Trainer gegenüber deinem Tier sein, wenn es mal schiefläuft, du vor einer Trainingssackgasse stehst oder du über dich selbst denkst, du seist zu blöd, um es dem Tier beizubringen?

Hast du den Blick auf das Ganze? Bist du im Hier und Jetzt oder hängst du immer noch der alten Trainingsgeschichte hinterher? Siehst oder spürst du, wann dein Hund überfordert ist oder gar in den Frust fällt? Kannst du selbst ein ungutes Gefühl aushalten, um deinem Hund zu zeigen, wie es geht? Bist du der sicherste Ort für deinen Hund? Kann dein Hund durch dich sein volles Potenzial entfalten, oder bremst du ihn mit deinen eigenen alten Glaubenssätzen aus? Nach all den Jahren habe ich eins gelernt: Ich muss mit mir im Reinen sein, um eine gute Trainerin für meine Hunde zu sein. Wenn in mir Chaos herrscht, wird mein Training ebenfalls chaotisch.

Was hat Fühlen mit Blindenführhundtraining zu tun?

Du kannst ein noch so guter Trainer sein, dein Handwerk beherrschen und deine Trainingstechniken im Schlaf herunterbeten – wenn du nicht fühlst, was du tust, wirst du niemals die Magie des Trainings spüren. Wenn sich dein Fühlen mit deinem Handwerk vereint, passiert Training von ganz allein.

Ich bin weder erleuchtet noch kann ich über Wasser laufen, aber ich kann dir aus meiner langjährigen Erfahrung berichten: Was habe ich mich an Trainingstechniken aufgehalten und den Blick auf das Ganze versäumt, weil ich nur verkopft war und nicht im Hier und Jetzt!

Wie oft hing ich in alten Verhaltensmustern fest, sei es bei mir oder bei meinem Hund. Dazu fällt mir der Satz von Bob Bailey ein: „Trainiere nicht den Hund von gestern". Ja, so ist es, wenn du denkst, du bist heute noch der gleiche Mensch wie gestern – sorry, dann schläfst du.

Was das mit Hundetraining zu tun hat? Eine ganze Menge! Deine Gedanken und Emotionen haben eine große Auswirkung und Schöpferkraft auf dein Training, auf deinen Hund und später auf das ganze Gespann (Mensch und Hund). Sei dir dessen bitte bewusst.

Ich habe schon viele Trainer ausgebildet und gesehen und finde es immer wieder spannend zu beobachten, was alles auf den Hund projiziert wird. Da nehme ich mich übrigens auch nicht mit aus, denn mir erging es genauso wie dir. Die bekanntesten Projektionen habe ich hier aufgelistet, vielleicht erkennst du dich in einigen Aussagen wieder:

- Mein Hund ist ängstlich.
- Mein Hund ist unsicher.
- Mein Hund hat ein Problem mit Hundebegegnungen.

- Mein Hund kann nicht länger als 15 Minuten am Stück trainieren.
- Mein Hund hat Stress.
- Mein Hund kann dies nicht und das nicht.

Die Liste lässt sich noch ewig fortsetzen.

Nun es mag sein, dass dein Hund jetzt gerade dieses Verhalten zeigt, aber ist es nicht unfair, ein Etikett auf ihn drauf zu stempeln? Hast du dich schonmal gefragt, und das meine ich jetzt sehr liebevoll, ob es nicht deine Gedanken sind? Deine Ängste, deine Unsicherheit, deine Konzentration, dein Stress, deine Wut?

Halte kurz inne und schau in dich hinein: Bist du wütend, hast du Angst? Angst davor, nicht gut genug zu sein oder nicht gemocht zu werden? Glaubst du, du bist nicht schön genug oder zu dick oder zu dünn, denkst du, du schaffst das nicht?

Solange du noch an deinen Glaubenssätzen festhältst, wirst du in einer Trainingssackgasse landen und nichts geht mehr, und da helfen dir auch keine Trainingstechniken mehr. Dein Hund spürt das und es ist nun mal so, dass wir unsere Hunde nicht anlügen oder gar etwas vorspielen können.

Und ganz ehrlich, ist es nicht mehr als unfair, deinen Hund aufgrund deiner Glaubenssätze nicht zu seiner vollen Größe kommen zu lassen? Er wird nie sein ganzes Potential entfalten können, wenn ihm ständig deine Glaubenssätze um die Ohren fliegen. Lass los, geh von der Bremse, tu dir und deinem Hund einen Gefallen und lass dich von der Leine, um ein besserer Trainer für deinen Hund zu werden.

„Die Arbeit über positive Verstärkung
ist mehr eine Arbeit an sich selbst als am Hund.“
(Viviane Theby)

Es ist nie zu spät

Was, wenn du es wieder mal verpeilt hast und voll daneben lagst mit deinem Training? Verschwende keine Zeit und Schuldgefühle, stehe auf, schüttele es ab wie ein Hund, sei milde zur dir und deinem Hund und lache darüber. Du kannst jeden Augenblick neu wählen. Der Zeitpunkt, um neu zu wählen und neu anzufangen, ist immer jetzt! Also hänge nicht in alten Trainingsgeschichten und in deinen alten Geschichten, sondern fange an, dir und deinem Hund neue Geschichten zu erzählen.

Vertrauen

Vertraue deinem Hund, vertraue dir, und vertraue dem Leben. Im Training und Leben gibt es keine Fehler! Fehler sind wertvolle Informationen, die weiterbringen und das Leben hat immer Recht. So kommst du dir und deinem Hund näher als nah. Diese Nähe ist die Quelle deines Vertrauens.

Training kritisch hinterfragen

In seinem Herzen zu sein und Training kritisch zu hinterfragen schließt sich nicht gegenseitig aus. Dein Verstand ist ein mächtiges Werkzeug, also nutze ihn weise. Trainiere konstruktives Denken und vereine das mit deinem Herzen, so lenkst du dein Potenzial immer tiefer in dein Bewusstsein. Und somit passiert Training von ganz allein.

Selbstverantwortung

Übernehme Verantwortung für dich und deinen Hund, lass dich nicht von äußeren Umständen beeinflussen. Das Schlimmste, was du tun kannst, ist, deinen Hund oder gar dich selbst in die Opferrolle fallen zu lassen. Du wirst damit den Kontakt zu deinem Hund und zu dir selbst verlieren. Damit verrätst du dich selbst in deiner Trainingskraft und dein Hund wird nicht der sein können, der er in Wirklichkeit ist.

Gelassenheit im Training

Sei milde zu dir selbst und deinem Hund, hör auf damit, dich ständig in Ordnung bringen zu müssen, denn du bist gut so, wie du bist und dein Hund ist es ebenso. Dennoch höre nicht auf, dich weiterzuentwickeln, um deine PS auf die Straße zu bringen.

Achtsamkeit

Trainiere deine Achtsamkeit, denn sie ist der Schlüssel zu gutem Training. Training über positive Verstärkung ist in sich weise, und Achtsamkeit bringt Training über positive Verstärkung hierher zurück – in den Moment, ins Hier und Jetzt. Also verschlafe nicht deine Achtsamkeit, sonst begrenzt du dich und deinen Hund.

Freude

Freude ist dein Geburtsrecht, also folge ihr und frage dich: Was will ich wirklich, wofür brenne ich? Wenn du das tust, was dir Freude bereitet, wirst du deinen Weg gehen mit dem Wissen und Vertrauen, dass alles zu deinem Wohle passiert und du mit deinem Hund alles erreichen kannst.

Hör auf dein Herz

Dein Herz wird immer wieder Wege finden, um dich zu erinnern, falls du mal wieder falsch abgebogen bist oder das das Leben mehr für dich bereithält, als gegen deine wahre Schöpferkraft anzukämpfen. Jeder Gedanke, jede Entscheidung und jede Handlung von dir haben eine schöpferische Kraft. Du kannst nicht nicht erschaffen, genauso, wie du nicht nicht trainieren kannst.

Also wähle mit deinem Herzen, es wird dir immer den Weg zeigen, mit jedem Herzschlag schickt es dir eine Botschaft und hofft, dass du dich erinnerst. Es ist deine Aufgabe, die Sprache deines Herzens zu lernen, sie zu hören, sie zu verstehen, sie zu sprechen und ihr zu folgen. Nur dann kannst du deinem Hund endlich die Türe öffnen, an die er schon so oft geklopft hat, um dir nah sein zu können.

Liebe

Alles ist Liebe und ist da, um dem Großen und Ganzen zu dienen. Also begegne menschlichen Irrungen mit Mitgefühl und Klarheit. Hör auf, Erwartungen zu haben – weder an dich noch an deine Mitmenschen noch an deinen Hund, niemand schuldet dir etwas. Wir sind alle eins.

Öffne dein Herz und staune, was passiert. Du bist ein Wunder, du bist die Liebe selbst. Also befreie dich, um dich endlich nach Hause holen zu können.

„Wie oft das alte Ich verbannt werden muss?
Immer wieder neu.
Bis zum letzten Atemzug"
(Veit Lindau)

Worauf wartest du? Fang an. Jetzt!

6. Der blinde Mensch kommt ins Spiel

Jetzt kommen wir zu einem überaus wichtigen Punkt – der Hund ist das eine, aber da gibt es ja auch noch den beeinträchtigen Menschen. Wenn hier nicht die Voraussetzungen erfüllt sind, die für einen guten, mobilen und empathischen Führhundhalter sprechen und dieser nicht in der Lage ist, über positive Verstärkung weiter mit seinem Hund zu arbeiten bzw. zu trainieren, kannst du einen noch so gut ausgebildeten Hund liefern – es wird niemals ein sicheres und harmonisches Gespann aus Hund und Mensch werden.

Leider herrscht in den Köpfen vieler Führhundhalter immer noch die Ansicht vor, dass der Hund die volle Verantwortung übernehmen soll, weil es einfach so oft und jahrelang so publiziert worden ist. Blindenführhunde sind lediglich *Hilfs*mittel, aber oftmals werden sie vor Aufgaben gestellt, bei denen ich mich wirklich frage, was sie denn noch alles leisten sollen. Irgendwo ist auch eine Grenze erreicht! Führhunde sind weder Maschinen noch können sie wissen, wann die Ampel Grün anzeigt – und vor allem sind sie nicht perfekt (zum Glück) und machen so wie wir Menschen auch Fehler.

In den folgenden Punkten kannst du dir ein Bild machen, was laut GKV die Voraussetzungen für einen künftigen Führhundhalter sind.

Anforderungen an den künftigen Führhundhalter

- Eine sachgerechte Verwendung des Hilfsmittels Blindenführhund setzt voraus, dass der ausgebildete Blindenführhund zum künftigen Halter passt und dass der Halter bereit und in der Lage ist, den Blindenführhund als zuverlässigen Lotsen in der Mobilität außer Haus zu akzeptieren.

- Der künftige Führhundhalter muss die Sachkunde im Umgang mit Hunden besitzen und die ihm mit der Übereignung eines Blindenführhundes übertragene Verantwortung anzunehmen bereit und in der Lage sein. Dazu gehört auch das Ermöglichen einer artgerechten Lebensführung des Hundes mit ausreichendem Freilauf ohne Führgeschirr und Leine. Die mit dem Blindenführhundhalter in einem Haushalt lebenden Personen müssen mit der Haltung des Blindenführhundes einverstanden sein bzw. diese vorbehaltlos tolerieren.

- Der künftige Blindenführhundhalter muss einen Orientierungs- und Mobilitätslehrgang erfolgreich bei einem anerkannten O&M-Trainer absolviert haben. Der Erfolg des Langstockunterrichts bezieht sich im Fall der Blindenführhundversorgung auf den Erwerb der Fähigkeit, sich bei Ausfall des Führhundes (hier zählen auch die täglichen Pausen/Ruhezeiten) fortbewegen zu können, ohne dabei von einer sehenden Person geführt werden zu müssen.

- Der zukünftige Blindenführhundhalter muss einen Einarbeitungslehrgang und nachfolgende Gespannprüfung erfolgreich absolvieren.

Ich behaupte, dass sich jeder Hund an den Menschen anpassen kann, wenn dieser in der Lage ist, dem Tier gegenüber genügend Empathie und Liebe entgegenzubringen und wenn er ein gewisses Maß an Grundwissen zu den Lerngesetzen mitbringt. Dennoch muss ich sehr schmunzeln über den üblichen Gedanken, dass immer der Hund zum Menschen passen muss: Warum eigentlich nicht umgekehrt? Ich jedenfalls suche für meine Hunde die richtigen Menschen, denn nur so weiß ich, dass sie weiterhin ihren Job so ausüben, wie sie es in der Ausbildung gelernt haben, nämlich mit viel Freude und Motivation.

Der zukünftige Führhundhalter muss also laut GKV die „nötige Sachkunde" im Umgang mit dem Hund besitzen, und da geht es schon los. Wir Blindenführhundtrainer müssen so viele Voraussetzungen erfüllen, um überhaupt ausbilden zu dürfen, aber ein Führhundhalter muss weder eine Prüfung der Sachkunde ablegen noch sonstige Weiterbildungen in Bezug auf die Kynologie vorlegen, um einen Hund von der Krankenkasse genehmigt zu bekommen. Meiner Meinung nach ist das viel zu wenig.

Es gibt zwar vor Übergabe des Hundes die Einarbeitung, die auch einen theoretischen Teil beinhaltet, allerdings haben wir Trainer dafür maximal 28 Tage zur Verfügung, die von den Krankenkassen übernommen werden, und das auch nur bei Ersthundehaltern. In diesen Tagen müssen wir überwiegend praktisches Training vermitteln, was schon genügend Zeit in Anspruch nimmt. Ich finde, dass dies nicht ausreicht und hier an der falschen Stelle gespart wird.

Deshalb nehme ich auch nicht jeden Auftrag an und nicht jeder blinde oder sehbeeinträchtigte Mensch bekommt von mir einen Hund. Ich weiß gar nicht, wie ich es in Worte fassen soll: Es ist mein Gefühl, wenn ich auf den Menschen treffe, ob er einen Hund von mir bekommt oder nicht. Ich hatte schon viele Erstführhundhalter, die keinerlei Sachkunde besaßen und trotzdem die besten Führhundhalter waren, die man sich nur vorstellen kann, weil sie ihre Hunde liebten und ihnen Verständnis entgegenbrachten.

Leider gibt es auch immer noch Führhundhalter (meistens solche, die zuvor schon einen Blindenführhund hatten), die immer noch über positive Strafe mit ihrem Hund umgehen – zum einen, weil sie es nicht besser wissen und es ihnen bei der Einarbeitung so gezeigt worden ist, zum anderen aber auch deshalb, weil sie diesen Umgang mit dem Hund nicht ändern möchten. Das höre ich meist schon im Erstgespräch heraus und halte mich somit nicht mehr länger mit dieser Diskussion auf. Ich bin gerne bereit zu helfen, allerdings muss das auch von Seiten meines Gegenübers gewollt sein und ich habe keine Lust mehr, ständig und immer wieder missionieren zu müssen. Ich möchte mit Menschen arbeiten, die wertschätzend und liebevoll mit ihrem Hund umgehen, ohne sie ständig darauf hinweisen zu müssen.

Eigentlich erwarte ich von angehenden Führhundehaltern, dass sie sich selbst zumindest in den Grundzügen für das Thema Hundetraining über positive Verstärkung interessieren, über gute Fachliteratur verfügen oder eine gute Hundeschule besucht haben. Zwar erkläre ich natürlich im Verlauf der Einschulung genau, wann der Führhundehalter ein Leckerchen geben soll und dass er das möglichst ein Hundeleben lang so beibehalten soll, damit der Hund auch später zuverlässig führt, aber es sollte nicht die Aufgabe von uns Blindenführhundetrainern sein, von der Pike auf zu erklären oder zu diskutieren, warum und wann man mit Futter belohnen soll. Ich habe zu diesem Thema auch schon öfter Webinare für meine angehenden oder bestehenden Führhundhalter angeboten. Leider habe ich dabei mitunter auch die schmerzliche Erfahrung gemacht, dass solche Zusatzangebote, wenn sie nicht von der Krankenkasse bezahlt werden, sprich selbst finanziert werden müssen, kein großes Interesse bestand, auch wenn sie noch so günstig waren. Dennoch finde ich es nach wie vor eine gute Idee, probiere vielleicht einfach aus, ob es für dich funktioniert.

Das Mobilitätstraining ist eine wichtige Voraussetzung für den zukünftigen Führhundehalter: Er muss seine Wege genau kennen.

Ein weiterer Punkt, der eine große Rolle für mich spielt, ist die Mobilität des angehenden Führhundhalters. Grundvoraussetzung ist das Mobilitätstraining, ohne das es sowieso keinen Hund gibt, denn wenn ein Halter seine Wege nicht kennt, kann er seinen Hund auch nicht einsetzen. Das wäre ungefähr so, als ob ich eine komplizierte Küchenmaschine ohne Bedienungsanleitung bekäme.

Wichtig zu klären ist also: Kennt der sehbeeinträchtigte oder blinde Mensch seine Wege? Wie läuft er? Eher sicher oder unsicher? Hat er sonstige körperliche Einschränkungen? Ist er übergewichtig? Das ist alles wichtig zu erfahren, um hier die richtige Entscheidung zu treffen.

Hierzu findest du als Beispiel meinen Fragebogen, den ich gern vorab per E-Mail zum angehenden Führhundhalter schicke, um diese Fragen klären zu können.

Blindenführhundschule mit Herz
Dorenwaid 90
88167 Gestratz
Tel.: 0176 / 52460204

Fragebogen der Blindenführhundschule mit Herz an Interessenten für einen Blindenführhund

Name: .... Vorname: ....

Beruf: ....

Geburtsdatum: .... Geburtsort: ....

Staatsbürgerschaft: ....

Adresse Hauptwohnsitz: ....

E.-Mail-Adresse: ....

Telefon / Festnetz: ....

Anschrift der Krankenkasse: ....

Mitgliedsnummer der Krankenkasse: ....

Alleinlebend: ❏ ja ❏ nein

In der Familie: ....

Mit Verwandten: ....

Freunde: ....

Behinderten-Wohngemeinschaft: ....

Körpergröße: .... Körpergewicht: ....

Art der Erblindung: Vollblind

❏ Von Geburt an blind

❏ Zu einem späteren Zeitpunkt erblindet

Für Geburtsblinde und Späterblindete:

Ursache der Erblindung: ❏ Krankheit ❏ Unfall

Genauere Angaben: ....

....

....

....

....

....

....

....

....

Für Späterblindete:

Blind / Sehbeeinträchtigt seit: ....

❑ Erblindung plötzlich

❑ Erblindung langsam

Zusätzliche Beeinträchtigungen oder Krankheiten außer der Sehbeeinträchtigung / Art und Ausmaß: ....

....

....

....

....

Mobilität und Orientierung

Mobilitätstraining: ....

Ausmaß / Anzahl Stunden gesamt: ....

Zuständige Stelle / Trainer: ....

....

....

....

....

Trainingsschwerpunkte:

Orientierung im Haushalt:	❑ absolviert	❑ nicht absolviert
Orientierung in Gebäuden:	❑ absolviert	❑ nicht absolviert
Orientierungs- und Mobilitätstraining:	❑ absolviert	❑ nicht absolviert
Im Freiland:	❑ absolviert	❑ nicht absolviert
In verkehrsarmen Gebieten:	❑ absolviert	❑ nicht absolviert
In verkehrsreichen Gebieten:	❑ absolviert	❑ nicht absolviert
Training in Kleinstädten:	❑ absolviert	❑ nicht absolviert
Training in Großstädten:	❑ absolviert	❑ nicht absolviert
Verkehrsmittelring:	❑ absolviert	❑ nicht absolviert
Gehörübungen:	❑ absolviert	❑ nicht absolviert
In Gebäuden:	❑ absolviert	❑ nicht absolviert
Im Straßenverkehr:	❑ absolviert	❑ nicht absolviert
	❑ Nein, mache ich von mir aus	
Bewältigung der versch. Kreuzungen:	❑ absolviert	❑ nicht absolviert
Richtungshören:	❑ absolviert	❑ nicht absolviert
Langstocktraining:	❑ absolviert	❑ nicht absolviert
Kurzstocktraining:	❑ absolviert	❑ nicht absolviert

Bisherige Bewältigung von Ihnen unbekannten Wegen mit:

Begleitperson: ❏ Kurzstock ❏ Langstock ❏ elektronische Hilfe

Anzahl der Dauer (in km) von Spaziergängen / Wege pro Tag: ....

Leben mit dem Blindenführhund

Anzahl der Personen im gemeinsamen Haushalt: ....

Kinder im gemeinsamen Haus: ....

Sind alle im gemeinsamen Haushalt lebenden Personen mit der Haltung eines Hundes einverstanden? ❏ ja ❏ nein

Ist der Eigentümer des Wohnhauses mit der Haltung eines Blindenführhundes einverstanden? ❏ ja ❏ nein

Ist der Arbeitgeber mit der Mitnahme des Blindenführhundes an den Arbeitsplatz einverstanden? ❏ ja ❏ nein

Art und Anzahl anderer im Haushalt lebender Tiere:

Hatten Sie schon einen Blindenführhund / Hund? ❏ ja ❏ nein

Anzahl: ....

Rasse: ....

Geschlecht: ....

Ausbildungsstätte(n): ....

Einsatz des Blindenführhundes:

Anzahl, Beschreibung und Dauer (in km) verschiedener Wege, die Sie mit dem Blindenführhund zurücklegen werden: ....

Anzahl und Dauer (in km) der Wege, die Sie durchschnittlich pro Tag mit dem Blindenführhund zurücklegen werden: ....

Beschreibung und Unterbringung des Blindenführhundes:

Am Arbeitsplatz: ....

Zu Hause: ....

Während Freizeitaktivitäten: ....

Beschreibung der Auslaufmöglichkeiten für den Blindenführhund:

Am Arbeitsplatz: ....

Zu Hause: ....

Während Freizeitaktivitäten: ....

Betrachten Sie den Hund als Freund und Gefährten mit eigener Persönlichkeit, mit Stärken und Schwächen? ❑ ja ❑ nein

Ist Ihnen bewusst, dass ein Blindenführhund mindestens 3 x täglich Auslauf mit Gelegenheit zur Entleerung und zur Entspannung, Spielmöglichkeiten mit seiner Bezugsperson, Spielzeug und Sozialkontakt zu anderen Hunden benötigt?
❑ ja ❑ nein

Ist Ihnen bewusst, dass ein Blindenführhund Kosten für artgerechte Futter, Tierarzt und Pflege verursacht? ❑ ja ❑ nein

Eventuelle Kostenträger für die Anschaffungskosten des Blindenführhundes:

Krankenkasse: ....

Sozialamt: ....

Amt der Landesregierung: ....

Private Kostenträger: ....

Der Ausbildungsweg unserer Hunde erfolgt rein über die positive Verstärkung und das Clickertraining. Jede Art von Zwang in der Ausbildung ist nicht nur ethisch bedenklich, sondern kann auch zu unerwünschten Nebenwirkungen wie z. B. Aggression, Angst und Unsicherheit führen, was zum Wohle des Hundes vermieden werden soll.

Ein wichtiges Anliegen ist uns, dass unsere Hunde Freude an ihrer Arbeit haben und ihren Menschen mit Sicherheit, Ruhe und Motivation durch den Alltag führen.

....

Unterschrift Datum

Beispielhafter Verlauf einer Blindenführhundversorgung für einen angehenden Führhundhalter

Der Führhundhalterinteressent meldet sich bei der Führhundschule seiner Wahl, also in dem Fall bei mir. Das geschieht entweder über meine Website (nicht zwingend notwendig), über die Führhundschulenliste des DBSV (Deutscher Blinden- und Sehbehindertenverband) oder über die Empfehlung von anderen Führhundhaltern, was natürlich die beste Werbung ist.

Das Erstgespräch erfolgt in der Regel am Telefon.

Hierbei sind meine wichtigsten Fragen:

1. Erstführhundhalter oder Zweitführhundhalter?

2. Vollblind oder ist noch ein Sehrest vorhanden?

3. Hat ein Mobilitätstraining stattgefunden? Falls ja, wann zuletzt?

4. Welche Krankenkasse

5. Wohnort?

6. Alter?

7. E-Mail-Adresse?

Nach dem Telefonat schicke ich ihm den vorstehenden Fragebogen zu, um alle Fragen meinerseits beantwortet zu bekommen. Zusätzlich lasse ich noch den Bedarfserhebungsbogen für Blindenführhunde vom GKV-Spitzenverband ausfüllen. Diesen Bogen kannst du unter dem Link **www.gkv-spitzenverband.de** herunterladen.

Danach vereinbare ich einen Termin, um den Führhundhalter persönlich kennenzulernen und um mir einen Eindruck seiner Mobilität und der Wohnverhältnisse zu verschaffen. Ich laufe auch mit dem zukünftigen Führhundhalter zusammen die Wege ab, die für den Alltag nötig sind und „spiele" dabei den Führhund. So kann ich genau feststellen, wie gut die Orientierung des zukünftigen Halters ist. Es nützt nichts, wenn der Halter seine Wege nicht kennt, denn dann kann der Hund ihn auch nicht als Hilfsmittel unterstützen.

Auch das Gangbild ist wichtig: Geht der Mensch eher langsam oder schnell, sicher oder eher unsicher, liegen sonstige Beeinträchtigungen vor?

Wichtig für mich zu wissen wäre auch noch, wie die Auslaufmöglichkeiten für den Hund sind, ob es einen Park oder ähnliches in der Nähe gibt und wie der Halter mit Blindenstock läuft.

Folgende Dinge habe ich also somit abgehakt:

- Wohnverhältnisse
- Naheliegender Park zum Gassigehen
- Wie sind die Wege?
- Wie mobil und wie sicher läuft der Führhundhalter mit und ohne Blindenstock?
- Kennt er seine Wege?

Auch wenn alle oben aufgeführten Voraussetzungen des Führhundhalters erfüllt sind, bedeutet das für mich noch lange nicht, ob es hier zu einer Versorgung meinerseits kommt.

Ich entscheide immer nach Gefühl und habe gelernt, auf mein Bauchgefühl zu hören. Also tu dir und deinem Ausbildungshund einen Gefallen und entscheide dich so, dass es sich gut für dich anfühlt. Auch wenn du dein Geld damit verdienst – hör auf dein Herz!

Wenn ich mich entschieden habe und den zukünftigen Führhundhalter mit einem Hund versorgen möchte, brauche ich noch das Rezept vom Augenarzt für das Hilfsmittel Blindenführhund. Dieses muss der zukünftige Führhundhalter beim Augenarzt beantragen. Es wird zusammen in Kopie mit meinem Kostenvoranschlag bei der zuständigen Krankenkasse des Führhundhalters eingereicht. Das Originalrezept reiche ich erst mit der Rechnung für das Hilfsmittel Blindenführhund nach bestandener Gespannprüfung (vorher kann ich keine Rechnung stellen) bei der Krankenkasse ein, da der Halter es noch auf der Rückseite unterschreiben muss, um zu bestätigen, dass er das Hilfsmitte Blindenführhund erhalten hat. Das geschieht nach bestandener Gespannprüfung.

Folgende Punkte müssen in deinem Kostenvoranschlag angegeben sein:

- IK – Kennzeichen (wichtig, immer angeben!)
- Datum
- Name und Adresse der Schule
- Name, Geburtsdatum und Adresse des Führhundhalters
- Kosten für Aufzucht und Kauf eines ausbildungsfähigen Hundes
- Pflege- und Futterkosten
- Tierärztliche Untersuchungskosten
- Ausbildung des Hundes (Anzahl der Stunden x dein Stundensatz)
- Führhundzubehör
- Einführungslehrgang des Antragsstellers
- Hotelübernachtungen des Antragstellers für erste Einschulung am Ort der Schule

- Trainingsaufenthalt am Wohnort des Leistungsnehmers
- Hotelübernachtungen des Leistungserbringers am Wohnort des Antragstellers
- Verpflegungsmehraufwand des Leistungserbringers
- Hin- und Rückfahrt des Leistungserbringers

Wichtig: *7 % Mehrwertsteuer berechnen, da es sich um ein Hilfsmittel handelt.*

Gegebenenfalls findet noch eine Prüfung des angehenden Führhundhalters und dessen Wohnverhältnisse von Seiten des MDK (Medizinischer Dienst der Krankenkassen) statt, um die Beantragung des Blindenführhundes zu vervollständigen, dies ist aber je nach Krankenkasse unterschiedlich. Seit dem 1. Januar 2022 gilt der MDK als eigene Körperschaft des öffentlichen Rechts unter der Bezeichnung Medizinischer Dienst Bund.

Inklusion in der Ausbildung?

Inklusion bedeutet, dass jeder Mensch ganz natürlich dazugehört. Oder anders gesagt: Alle dürfen mitmachen, egal wie sie aussehen, welche Sprache sie sprechen oder welche Beeinträchtigung sie haben. In unserem Fall bedeutet es, dass der blinde oder sehbeeinträchtigte Mensch in die Ausbildung des Hundes mit eingebunden werden soll. Inklusion ist wichtig und wertvoll, ich empfinde sie allerdings im Blindenführhundwesen als Überforderung von Hund und Mensch. Das soll nicht heißen, dass dieses Konzept falsch ist – es handelt sich um meine persönliche Meinung und Empfindung. Deshalb kommt dieses Ausbildungskonzept für mich und meine Hunde nicht in Frage. Gerne erkläre ich hier, warum.

Fehlentwicklungen in der Ausbildung des Hundes

Naturgegeben ist es nunmal einfach so, dass Führhundhalter keine Blindenführhundtrainer sind. Ich bin nicht nur als Trainerin, sondern auch als sehender Mensch im Vorteil, wodurch ich schon vieles managen kann. Das geht schon mit der Aufzucht eines Welpen los: Jeder, der schonmal einen Welpen großgezogen hat, weiß, was die Kleinen alles anstellen können, von der Erziehung zur Stubenreinheit mal ganz zu schweigen. Hier ist Timing das A und O, und das gelingt selbst mir als sehende Person nicht immer. Der Welpe macht so viele Phasen bis zum Junghund durch (mit der Pubertät als besonderer Herausforderung), dass viel Trainingswissen gefragt ist, um ihn in die richtigen Bahnen für seinen zukünftigen Job zu lenken und nicht unbewusst ein destruktives Verhalten zu verstärken, was seine Ausbildung zum Blindenführhund enorm gefährden könnte. Daher halte ich wirklich bei aller Sympathie für Inklusion absolut nichts davon, die späteren (blinden) Führhundhalter schon ins Welpentraining mit einzubeziehen.

Überforderung für den Hund

Die Ausbildung eines Blindenführhundes dauert rund sechs bis acht Monate. Jedes Verhalten wird tausendfach wiederholt und gefestigt, bis der Hund es prompt auf das jeweilige Signal unter jeglicher Ablenkung sowie mit jedem Menschen, nicht nur mit mir als Trainer, zeigt. Diese Führleistung kann ein noch nicht fertig ausgebildeter Hund mit einem blinden oder sehbeeinträchtigten Menschen gar nicht erbringen! Auch wenn der Trainer ein Verhalten schon aufgebaut hat und der Halter dieses mit dem zukünftigen Blindenführhund im Alltag übt, ist das Grundgerüst noch nicht stabil genug, um ein sicheres Führen zu garantieren. Es fehlen oft die Hilfestellungen oder das nötige Verstärken eines gezeigten Verhaltens, die der Hund in der Ausbildung noch dringend benötigt, um nicht in Überforderung, Frust oder sogar Meideverhalten zu fallen. Es kommt zu Fehlentwicklungen, weil dem Hund jetzt schon etwas auferlegt wird, was er gar nicht schaffen kann. Dies führt wiederum zu Stress, Unsicherheit und Frust beim Menschen. Ich hinterfrage das Konzept der Inklusion deshalb sehr kritisch und empfinde es dem Tier gegenüber mehr als unfair. Ich verlange auch nicht von einem Grundschulkind, Abitur zu schreiben. Wieso wird es so oft von unseren Hunden abverlangt?

Hier nochmal die wichtigen Punkte, die für mich dagegensprechen:

- Fehlentwicklungen in der Ausbildung und Wesens des Hundes
- zu große Verantwortung für den Hund
- Stress beim Hund
- Unsicherheit beim Hund
- Frust beim Hund

Künftige Führhundhalter, die einen Hund von mir ausgebildet bekommen, dürfen ihren zukünftigen Begleiter natürlich jederzeit bei mir besuchen und je nach Ausbildungsstand auch mit ihm im Führgeschirr laufen, aber ich entscheide gezielt, welche Aufgaben der Hund schon bewältigen kann, um so eine Überforderung von Hund und Mensch zu vermeiden. Der zukünftige Halter wird, was die Ausbildung seines Hundes angeht, immer auf dem Laufenden gehalten und ist damit auch mit in die Ausbildung eingebunden. Allerdings wird dieses erst in der Einschulung intensiviert.

Umgang mit blinden und sehbeeinträchtigen Menschen

Wenn du mich fragst, wie ich mit sehbeeinträchtigten oder blinden Menschen umgehe, kann ich dir nur antworten: Ganz normal, wie mit jedem sehenden Menschen auch. Ich habe Verständnis für sie, aber kein Mitleid. Für mich bringt Mitleid niemanden weiter. Mein Ziel ist es, diese Menschen auf den Weg zu bringen. Ich möchte ihre Stärken fördern und nicht die Schwächen, deshalb ist Mitleid für mich hier fehl am Platz – eher habe ich Mitgefühl. Ich bin höflich und biete meine Hilfe an, zum Beispiel, wenn es um die Beschreibung der Wege geht. Oder ich biete meinen Arm zum Einhaken an, falls der Blindenführhundhalter seinen Blindenstock nicht einsetzen möchte – was ich durchaus verstehen kann, denn so ein Stock ist manchmal wirklich nervig, wie ich selbst schon im Mobilitätstraining spüren durfte.

Es ist im Grunde ganz einfach: Ich fühle mich in den Menschen hinein und stelle mir die Frage, wie ich mir den Umgang mit mir selbst wünschen würde. So verhalte ich mich dann – ich bin milde in meinen Äußerungen, versuche immer zu motivieren, auch wenn es mal in der Einschulung nicht so rund läuft, was völlig normal ist. In den meisten Fällen haben wir während der Einschulung sehr viel Spaß!

Natürlich gibt es auch mal Meinungsverschiedenheiten. Ich nehme das allerdings nicht persönlich, denn für den Führhundhalter ist so eine Einarbeitung schon ziemlich anstrengend. Er muss sich auf so vieles konzentrieren – auf die Wege, auf den Hund, auf seine Wahrnehmung und so weiter. Dafür habe ich größten Respekt, denn ich weiß nicht, ob ich all das könnte. Also ist hier meine Geduld gefragt, denn ich möchte sowohl mit meinen Hunden als auch mit meinem Gegenüber wertschätzend umgehen, egal ob beeinträchtigt oder nicht. Empathie steht für mich ganz klar an erster Stelle! Bringt auch der Führhundhalter sie mit, geht alles von ganz allein.

Mobilitätstraining (O & M)

Ein Mobilitätstraining, auch „Orientierung und Mobilität" (O & M) genannt, bedeutet das Unterrichten eines visuell beeinträchtigten Menschen, sich sicher und effektiv von einem Punkt der Umwelt zu einem anderen gewünschten zu bewegen. Eine Definition von Orientierung lautet: „Orientierung ist der kognitive Prozess beim Gebrauch der Sinne, mit denen man seine eigene Position bestimmen und in Beziehung zu anderen Objekten seiner Umwelt setzen kann" und Mobilität ist: „die Fähigkeit, von seiner Position aus sicher zu einem, in einer anderen Umgebung gelegenen, Ziel zu kommen". Einfacher ausgedrückt: Herauszufinden, wo man ist, wo das Ziel liegt (= Orientierung), und dieses Ziel sicher und ohne Umstände zu erreichen ist (= Mobilität). (Quelle: Wikipedia 07.04.2023)

Bei der Schulung der allgemeinen Mobilität, der Langstocktechniken und dem Umgang mit Leitgeräten wird der Blinde oder hochgradig Sehbehinderte mit blindenspezifischen Verhaltensweisen zur Bewältigung verschiedenster Mobilitätssituationen innerhalb geschlossener Räume, aber auch in der Umwelt vertraut gemacht. Ziel ist es, das selbstständige und sichere Bewegungsverhalten zu ermöglichen beziehungsweise zu verbessern. Dies erfolgt dadurch, dass der Blinde oder hochgradig Sehbehinderte im Gebrauch von Hilfsmitteln geschult wird und indem er mit speziellen Verhaltensweisen zur Bewältigung verschiedenster Umweltsituationen vertraut gemacht wird.

Diese Fähigkeiten werden in mehrstufigen Schulungsprogrammen, bei Kindern auch bereits im Grundschulalter beginnend, entwickelt. Zum Teil findet hier auch eine Anbindung an die Lehrpläne der verschiedenen Schulstufen statt. Die Mobilitätsschulung wird von speziell dafür ausgebildeten Orientierungs- und Mobilitätstrainern bzw. -lehrern (O & M-Lehrern), z. B. in Sehbehindertenschulen, Blindenschulen, Schulen für mehrfach Behinderte oder anderen speziellen Einrichtungen zur Kinder-, Jugend- und Erwachsenenbildung durchgeführt. Ein umfassendes Basistraining in Mobilität kann folgende Inhalte haben:

Grundlegende Verhaltenstechniken und Fähigkeiten:

1. Begriffsbildungen und Übungen zum Körperschema

2. Übungen zur Ausnutzung eines ggf. vorhandenen Sehrestes

3. Übungen zur Sensibilisierung der übrigen Sinne

4. Übungen zur Verbesserung grundlegender Orientierungsfertigkeiten

5. Übungen zum Schutz des eigenen Körpers

6. Übungen zur Fortbewegung mit dem sehenden Begleiter

7. Übungen zur selbständigen Bewegung in Gebäuden

8. Übungen zur Erkennung und Beurteilung des Verkehrsgeschehens

9. Verhalten und Übungen bei Straßenüberquerungen

Hilfsmittelbezogene Inhalte:

1. Überprüfung der Belastbarkeit und der Eignung, ein Mobilitätshilfsmittel zielführend einzusetzen

2. Erlernen und Anwenden verschiedener Langstocktechniken

3. Einsatz von monokularen und anderen Sehhilfen zur Orientierung als Ergänzung zu Langstocktechniken

4. Anwendung elektronischer Blindenleitgeräte als Ergänzung zu Langstocktechniken

Verhalten in speziellen Situationen:

1. Fortbewegen im Wohngebiet

2. Fortbewegen im „kleinen und großen Einkaufsviertel"

3. Fortbewegen in der Stadt, Wege zur Arbeitsstätte, Schule etc.

4. Benutzung von öffentlichen Verkehrsmitteln

(Quelle: GKV Spitzenverband Produktgruppe „07 Blindenhilfsmittel" des Hilfsmittelverzeichnisses nach § 139 des Fünften Buches Sozialgesetzbuch (SGB V) 07.04.2023)

Grundbegriffe der Schulung in Orientierung und Mobilität (O & M)

Um sich zu orientieren, sind für sehende und für sehbeeinträchtigte Menschen folgende Fragen wichtig:

- Wo bin ich?
- Wo liegt mein Ziel?
- Wie komme ich dorthin?

Ich selbst habe über 40 Stunden Mobilitätstraining absolviert und bin für diese Erfahrung sehr dankbar. Nicht nur, dass ich mich dadurch in den beeinträchtigen Menschen besser hineinversetzen kann, sondern ich habe auch gelernt, meine Wahrnehmung zu schulen. Und bin immer wieder erstaunt, was der menschliche Körper und unser Gehirn alles leisten können. Ich schätze das wertvolle Gut, sehen zu können, seitdem sehr! Abgesehen davon ist ein absolviertes Mobilitätstraining auch eine Voraussetzung für die Präqualifizierung (s. S. 29).

Falls du dich weiter zum Thema Mobilitätstraining erkundigen möchtest oder auch ein Training absolvieren möchtest (ich schreibe bewusst möchtest, falls du dich einfach so für ein Mobilitätstraining interessierst, ohne gleich Blindenführhunde ausbilden zu wollen), findest du auf der Website des DBSV (Deutscher Blinden- und Sehbehindertenverband e.V.) unter der Rubrik „Orientierung und Mobilität (O & M)" Informationen über das Training und Lehrkräfte in deiner Nähe.

Die Einschulung

Die Einschulung oder Einarbeitung, sprich Zusammenführung von Hund und Mensch, dauert in der Regel 60 – 80 Zeitstunden verteilt auf mindestens 14 und maximal 28 Tage. Bestandteil der Einschulung müssen auch Informationen über die artgerechte Tierhaltung und Ernährung des Blindenführhundes und eine Einweisung am Wohnort des Führhundhalters sein.

14 Tage werden von der Krankenkasse bei einem Zweitführhundhalter, also einem Sehbeeinträchtigten, der schon einen Führhund hatte, übernommen, bis zu 28 Tage bei einem Erstführhundhalter, der seinen ersten Hund bekommt.

Die Einschulung ist sozusagen das Meisterwerk deiner Ausbildung, aber hier fällt dir auch all das auf die Füße, was du nicht gut genug trainiert hast. Bitte mache nicht den Fehler zu denken, dass es irgendwie schon gehen wird – genau das wird es eben nicht. Das wird dir spätestens dann klar, wenn der Halter am Hund hängt und das Drama losgeht. Und glaub mir – ich spreche hier aus eigener Erfahrung.

Gehen wir also davon aus, dass dein Hund sehr gut ausgebildet ist und all den Qualitätskriterien der Ausbildung zu 100 % entspricht. Eine Einschulung erfordert hohes Maß an Konzentration, Einfühlungsvermögen für den Halter und vor allem Gespür für das Gespann.

Für die Einschulung gibt es keinen Patent-Ablaufplan. Richte dich immer nach den Bedürfnissen des Teams und gehe kleinschrittig vor, um Mensch und Hund nicht zu überfordern.

Wie baust du eine Einschulung auf?

Vorweg möchte ich betonen, dass jede Einschulung und jedes Hund-Mensch-Team sich individuell unterscheiden. Das eine Team braucht mehr Zeit, das andere weniger. Wichtig ist der Blick auf das Ganze und so kleinschrittig wie möglich vorzugehen. Überfordere weder den Menschen noch den Hund. Stelle nur Aufgaben, die beide auch gemeinsam bewältigen können, so vermeidest du Frust und förderst die Motivation, Freude und ein gutes Gefühl von Hund und Mensch.

Es ist deine Aufgabe als Trainer, dein Wissen und dein Training so zu vermitteln, dass es Hund und Mensch auch umsetzen können. Schiebe also nicht die Verantwortung auf das Team, falls es mal Misserfolge in der Einarbeitung geben sollte. Meist liegt es daran, dass der Trainingsschritt zu groß war. Oder vielleicht geht es dem Menschen im Moment nicht gut, was sich wiederum auf die Leistung der Führarbeit des Hundes überträgt.

Es gibt so viele Schrauben, an denen du drehen kannst, also sei achtsam, im Hier und Jetzt und schlafe nicht! Es ist deine Aufgabe, zu erkennen, wo etwas verändert werden muss und das Team bestmöglich mit deinem Wissen zu unterstützen, damit beide zu ihrer vollen Größe kommen können.

Im Folgenden möchte ich dir eine (von vielen) Möglichkeiten für den Aufbau einer 20-tägigen Einschulung vorstellen:

Der angehende Blindenführhundhalter verbringt zehn Tage am Ort meiner Schule, sprich im Hotel, das ich vorher für ihn gebucht habe. Denke daran, ein Hotel in der Nähe deiner Schule zu suchen, da du mehrmals am Tag dort hinfahren musst, um das Team begleiten zu können. Der Hund bleibt nämlich ab dem ersten Tag der Einschulung beim Führhundhalter im Hotel. Da er während der Ausbildung schon mehrmals Kontakt zu seinem zukünftigen Menschen hatte, habe ich ein gutes Gefühl, dass er beim zukünftigen Halter bleibt, den er schon gut kennt.

Da die meisten Führhundhalter alleine, also ohne sehende Begleitung kommen, ist es deine Aufgabe, dem Halter das Hotel (ohne Hund) mit deinen Augen zu erklären, damit er die Wege im Hotel mit Blindenstock allein bewältigen kann.

Für die zehn Tage am Ort der Schule könnte das Programm zum Beispiel so aussehen:

Tag 1: Spaziergang / Bindungsübungen (Rückruf aus dem Freilauf, Sitz, Platz, Leinenführigkeit)

Tag 2: Gerade Strecke im Führgeschirr (ohne Bordsteinkanten) voran

Tag 3: Gerade Strecke mit flachen und hohen Bordsteinkanten im Führgeschirr

Tag 4: Strecke im ruhigen Wohngebiet, hohe und flache Bordsteinkanten mit Links und Rechts im Führgeschirr

Tag 5: Strecke im ruhigen Wohngebiet, hohe und flache Bordsteinkanten mit Links und Rechts, Aufsuchen von Nah- und Fernzielen (z. B. Ampel, Briefkasten)

Tag 6: Strecke im ruhigen Wohngebiet, hohe und flache Bordsteinkanten mit Links und Rechts sowie Links und Rechts an Bord, Aufsuchen und Anzeigen von Nah- und Fernzielen (z. B. Ampel, Briefkasten, Sitzgelegenheit, Ein- und Ausgänge, Zebrastreifen, Treppe)

Tag 7: Strecke in einer belebten Umgebung, hohe und flache Bordsteinkanten mit Links und Rechts, Aufsuchen und Anzeigen von Nah- und Fernzielen (z. B. Ampel, Briefkasten, Sitzgelegenheit, Ein- und Ausgänge, Geschäfte aufsuchen)

Tag 8: Strecke in der Innenstadt, hohe und flache Bordsteinkanten mit Links und Rechts sowie Links und Rechts an Bord, Aufsuchen und Anzeigen von Nah- und Fernzielen (z. B. Ampel, Briefkasten, Sitzgelegenheit, Aufzug), Ein- und Ausgänge, Geschäfte aufsuchen, Rolltreppenverweigerung, Hindernisarbeit

Tag 9: Gleiches Training wie Tag 8, zusätzlich ein öffentliches Verkehrsmittel üben, z. B. Bus und Rolltreppenverweigerung

Tag 10: Training am Bahnhof, Abgrundverweigerung, Zug ein- und aussteigen üben sowie Schalter und Sitzgelegenheit aufsuchen und anzeigen

Ich trainiere jeweils zweieinhalb Stunden am Vormittag und Nachmittag. Das Training beinhaltet Führarbeit sowie Spaziergänge mit Spielen und Bindungsübungen und Begleitung zwischen den Trainingseinheiten zum Gassigehen sowie theoretisches Wissen über die Kynologie sowie die Lerntheorie. Die Vermittlung des Theoriewissens findet bei mir unterschiedlich beim Blinden zuhause, im Hotel während der Einschulung, aber manchmal auch über Webinare statt. Hier musst du selbst herausfinden, was für dich am praktikabelsten ist.

Mein großes Anliegen ist es, sowohl Hund als auch Mensch nicht zu überfordern. Ich achte sehr darauf, dass der Hund im Gleichgewicht und mit Freude und Motivation bei der Arbeit bleibt, alles andere wäre für mich tierschutzrelevant. Dieses gebe ich genauso an den Führhundhalter weiter. Diesen wichtigen Punkt solltest du unbedingt in deinem Training beachten!

Nach den ersten zehn Tagen am Ort der Schule gibt es zwei Tage Pause. In dieser Zeit fährt der Führhundhalter in der Regel mit seinem Hund nach Hause, entweder mit dem Zug oder er wird von einer sehenden Person abgeholt. Das Team ist mittlerweile so gut geschult, dass es die Herausforderung (z. B. mit dem Zug nach Hause fahren) schon gut gemeinsam bewältigen kann. Natürlich gibt es Ausnahmen – hier entscheide ich auch wieder nach Gefühl, ob es eventuell sinnvoller wäre, beide zu begleiten, weil die Herausforderung sonst noch zu groß wäre. Wie schon erwähnt, ist es nur ein Beispiel und eine Möglichkeit von vielen.

Aufbau am Wohnort des Führhundhalters

Nach den zwei Tagen Pause starten wir mit der zweiten Etappe der Einschulung am Wohnort des Führhundehalters, in unserem Beispiel also wieder zehn Tage. Einer der wichtigsten Punkte dabei ist es, dass ich mir als erstes die Wege, die der blinde oder sehbeeinträchtigte Mensch in seinem Alltag bewältigen muss, zeigen lasse. Das heißt, der Führhundhalter und ich gehen zusammen ohne Hund die Wege ab. So kann ich mir selbst ein Bild machen, Gefahren abwägen und mich orientieren. Denn eins ist klar: Ich brauche einen Plan, denn wenn der Hund dazukommt und ich mich vorher nicht klar strukturiert habe, geht das Chaos los. Damit würde es dem Hund und somit dem ganzen Gespann nur unnötig schwer gemacht.

Der zweite wichtige Punkt ist, dass ich abwägen muss, welche Wege wirklich wichtig sind bzw. bei welchen meine Hilfe benötigt wird und welche das Team schon allein bewältigen kann. So ist zum Beispiel der Weg zum Bäcker mit zwei Querstraßen und einmal links abbiegen einfacher zu meistern als der Arbeitsweg mit mehreren Baustellen, großen Ampelkreuzungen und einer Fahrt mit der U-Bahn samt Gefahrenstelle Abgrund.

Der dritte wichtige Punkt wäre, den Prüfungsweg für die Gespannprüfung (s. Kapitel Gespannprüfung) gemeinsam mit dem Führhundhalter zu wählen. Meistens ist es der Arbeitsweg, der die Prüfungskriterien erfüllt. Der gewählte Prüfungsweg wird dem Gespannprüfer vor der Prüfung mitgeteilt.

Was sollte ein Prüfungsweg beinhalten?

- Hohe und flache Bordsteinkanten
- Links und Rechts
- Links und Rechts an Bord
- Ampel / Zebrastreifen
- Ein- und Ausgänge
- Lift (Aufzug)
- Schalter
- Öffentliches Verkehrsmittel
- Abgrundverweigerung
- Rolltreppenverweigerung
- Hindernisse jeglicher Art
- Sitzgelegenheit

- Box (Briefkasten)
- Folgen
- Freilauf mit Rückruf
- Sitz, Platz, Leinenführigkeit, Bleib
- Hundebegegnung

In diesen weiteren zehn Tagen der Einschulung werden alle wichtigen Wege des Führhundhalters geübt. Ziel ist es, dem Team Sicherheit, Routine und ein gutes Gespür seitens des Halters mit auf den Weg zu geben und die Prüfungsstrecke gefahrlos zu bewältigen. Nach den 20 Tagen Einschulung findet meist die Gespannprüfung statt.

Ich entscheide immer je nach Trainingsstand des Gespanns, ob die 20 Tage ausreichen oder noch weitere Tage benötigt werden. Ich würde niemals ein Team schlecht vorbereitet und unsicher in eine Prüfung schicken.

Der Einschulungsbericht

Über den gesamten Verlauf der Einschulung verfasst du einen Bericht, der der Krankenkasse und dem Gespannprüfer vorgelegt wird. Eine weitere Kopie behalten du und der Führhundhalter. Führe also täglich Protokoll, was du gemacht hast. Unten findest du ein Beispiel, wie ein solcher Bericht aussehen kann. Falls du dich wunderst, warum manche Beschreibungen z. T. wortwörtlich gleich sind von Nachmittag zu Vormittag oder vom Folgetag zum Vortag: Nein, das ist kein Versehen. Wir üben wichtige Wege wie zum Beispiel den Arbeitsweg des Führhundhalters mehrfach, damit diese wirklich sitzen. Für den Gespannprüfer ist es erfahrungsgemäß besser, wenn er im Bericht an dieser Stelle jedes Mal die komplette Beschreibung hat anstatt z. B. „Wie am Vormittag“, damit er nicht hin- und herblättern muss. Zumindest handhabe ich es so.

Einschulungsbericht am Wohnort des Führhund-halters .... mit dem Blindenführhund Gustl vom 10.03. – 15.03.2023

Freitag, 10.03.2023

Abends: Gassiweg geübt, hohe und flache Bordsteine geübt, Links und Rechts, Links und Rechts an Bord. Bindungsübungen, Sitz, Platz, Leinenführigkeit, Freilauf mit Abrufen geübt

....

Samstag, 11.03.2023

Vormittag: Gassiweg geübt, hohe und flache Bordsteine geübt, Links und Rechts, Links und Rechts an Bord. Bindungsübungen, Sitz, Platz, Leinenführigkeit, Freilauf mit Abrufen geübt

Mit dem Bus zum Bahnhof gefahren, Sitzgelegenheit Bank (Bushäuschen) aufgesucht und angezeigt, Ein- und Ausgang Bus, Sitzgelegenheit aufgesucht und angezeigt. Am Bahnhof ausgestiegen, Abgrundverweigerung geübt, links- und rechtsseits, Höhenhindernis, Zebrastreifen, Treppe, Ampel aufgesucht und angezeigt, weiter durch die Fußgängerzone gelaufen. Seitenhindernisse umlaufen, Passanten umlaufen, Ein- und Ausgang Geschäft aufgesucht und angezeigt, Rolltreppenverweigerung, Gustl in den Platz gelegt, Bleib geübt, mit und ohne Sichtkontakt. Weiter durch die Fußgängerzone zum Café. Ein- und Ausgang Café angezeigt, zurück zur Bushaltestelle Pferdemarkt, mit dem Bus wieder nach Hause. Gassi mit Bindungsübungen.

Nachmittag: Gassiweg geübt, hohe und flache Bordsteine geübt, Links und Rechts, Links und Rechts an Bord. Bindungsübungen, Sitz, Platz, Leinenführigkeit, Freilauf mit Abrufen geübt

Mit dem Bus zum Bahnhof gefahren, Sitzgelegenheit Bank (Bushäuschen) aufgesucht und angezeigt, Ein- und Ausgang Bus, Sitzgelegenheit aufgesucht und angezeigt. Am Bahnhof ausgestiegen, Abgrundverweigerung geübt, links- und rechtsseits, Höhenhindernis, Zebra, Treppe, Ampel aufgesucht und angezeigt, weiter durch die Fußgängerzone gelaufen. Seitenhindernisse umlaufen, Passanten umlaufen, Ein- und Ausgang Geschäft aufgesucht und angezeigt, Rolltreppenverweigerung, Gustl in den Platz gelegt, Bleib geübt, mit und ohne Sichtkontakt. Weiter durch die Fußgängerzone zum Café. Ein- und Ausgang Café angezeigt, zurück zur Bushaltestelle Pferdemarkt, mit dem Bus wieder nach Hause. Gassi mit Bindungsübungen.

Sonntag, 12.03.2023

Vormittag: Gassiweg geübt, hohe und flache Bordsteine geübt, links und rechts, links und rechts an Bord. Bindungsübungen, Sitz, Platz, Leinenführigkeit, Freilauf mit Abrufen geübt.

Mit dem Auto zum Bahnhof gefahren. Abgrundverweigerung geübt, links- und rechtsseits, Höhenhindernis, Zebra, Treppe, Ampel aufgesucht und angezeigt, weiter durch die Fußgängerzone gelaufen. Seitenhindernisse umlaufen, Passanten umlaufen. Weiter durch die Fußgängerzone zurück zum Bahnhof bzw. Auto.

Nachmittag: Gassiweg geübt, hohe und flache Bordsteine geübt, Links und Rechts, Links und Rechts an Bord. Bindungsübungen, Sitz, Platz, Leinenführigkeit, Freilauf mit Abrufen geübt

Mit dem Bus zum Bahnhof gefahren, Sitzgelegenheit Bank (Bushäuschen) aufgesucht und angezeigt, Ein- und Ausgang Bus, Sitzgelegenheit aufgesucht und angezeigt. Am Bahnhof ausgestiegen, Abgrundverweigerung geübt, links- und rechtsseits, Höhenhindernis, Zebra, Treppe, Ampel aufgesucht und angezeigt, weiter durch die Fußgängerzone gelaufen. Seitenhindernisse umlaufen, Passanten umlaufen, weiter zur Bushaltestelle. Mit dem Bus zurück nach Hause.

Montag 13.03.2023

Vormittag: Gassiweg geübt, hohe und flache Bordsteine geübt, Links und Rechts, Links und Rechts an Bord. Bindungsübungen, Sitz, Platz, Leinenführigkeit, Freilauf mit Abrufen geübt.

Mit dem Bus zum Bahnhof gefahren, Sitzgelegenheit Bank (Bushäuschen) aufgesucht und angezeigt, Ein- und Ausgang Bus, Sitzgelegenheit aufgesucht und angezeigt. Am Bahnhof ausgestiegen, Abgrundverweigerung geübt, links- und rechtsseits, Höhenhindernis, Zebra, Treppe, Ampel aufgesucht und angezeigt, weiter durch die Fußgängerzone gelaufen. Seitenhindernisse umlaufen, Passanten umlaufen, Ein- und Ausgang Geschäft aufgesucht und angezeigt, Rolltreppenverweigerung, Gustl in den Platz gelegt, Bleib geübt, mit und ohne Sichtkontakt. Weiter durch die Fußgängerzone zum Café. Ein- und Ausgang Café angezeigt, zurück zur Bushaltestelle Pferdemarkt, mit dem Bus wieder nach Hause. Gassi mit Bindungsübungen.

Mittag: Freilauf geübt

Nachmittag: Gleiches Training wie am Vormittag

Dienstag, 14.03.2023

Vormittag: Gassiweg geübt, hohe und flache Bordsteine geübt, Links und Rechts, Links und Rechts an Bord. Bindungsübungen, Sitz, Platz, Leinenführigkeit, Freilauf mit Abrufen geübt.

Mit dem Bus zum Bahnhof gefahren, Sitzgelegenheit Bank (Bushäuschen) aufgesucht und angezeigt, Ein- und Ausgang Bus, Sitzgelegenheit aufgesucht und angezeigt. Am Bahnhof ausgestiegen, Abgrundverweigerung geübt, links- und rechtsseits, Höhenhindernis, Zebra, Treppe, Ampel aufgesucht und angezeigt, weiter durch die Fußgängerzone gelaufen. Seitenhindernisse umlaufen, Passanten umlaufen, Ein- und Ausgang Geschäft aufgesucht und angezeigt, Rolltreppenverweigerung, Gustl in den Platz gelegt, Bleib geübt, mit und ohne Sichtkontakt. Weiter durch die Fußgängerzone zum Café. Ein- und Ausgang Café angezeigt, zurück zur Bushaltestelle Pferdemarkt, mit dem Bus wieder nach Hause in den Bielfeldweg. Gassi mit Bindungsübungen.

Nachmittag: Gleiches Training wie am Vormittag

Mittwoch, 15.03.2023

Vormittag: Gassiweg geübt, hohe und flache Bordsteine geübt, Links und Rechts, Links und Rechts an Bord. Bindungsübungen, Sitz, Platz, Leinenführigkeit, Freilauf mit Abrufen geübt.

Mit dem Bus zum Bahnhof gefahren, Sitzgelegenheit Bank (Bushäuschen) aufgesucht und angezeigt, Ein- und Ausgang Bus, Sitzgelegenheit aufgesucht und angezeigt. Am Bahnhof ausgestiegen, Abgrundverweigerung geübt, links- und rechtsseits, Höhenhindernis, Zebra, Treppe, Ampel aufgesucht und angezeigt, weiter durch die Fußgängerzone gelaufen. Seitenhindernisse umlaufen, Passanten umlaufen, Ein- und Ausgang Geschäft aufgesucht und angezeigt, Rolltreppenverweigerung, Gustl in den Platz gelegt, Bleib geübt, mit und ohne Sichtkontakt. Weiter durch die Fußgängerzone zum Café. Ein- und Ausgang Café angezeigt, zurück zur Bushaltestelle Pferdemarkt, mit dem Bus wieder nach Hause in den Bielfeldweg. Gassi mit Bindungsübungen.

Nachmittag: Gleiches Training wie am Vormittag

Stade, 15.03.2023

....	....
Führhundhalter	Führhundschule

Hier noch ein Beispiel eines Einschulungsberichts:

Einschulungsbericht am Ort der Schule vom Führhundhalter .... mit dem Blindenführhund Gustl vom 27.02.–08.03.2023

Montag, 27.02.2023

Nachmittag: Freilauf mit Abrufen geübt, Bindungsübungen (Sitz, Platz, Leinenführigkeit, Voran geübt im Führgeschirr

....

Dienstag, 28.02.2023

Vormittag: Hohe und flache Bordsteine geübt, sowie Links und Rechts, Bindungsübungen (Sitz, Platz, Leinenführigkeit), Freilauf mit Abrufen geübt

Nachmittag: Gleiches Training wie am Vormittag

....

Mittwoch, 01.03.2023

Vormittag: Hohe und flache Bordsteine geübt, Links und Rechts, Links und Rechts an Bord, Ampel aufsuchen mit Anzeigen geübt, Bindungsübungen (Sitz, Platz, Leinenführigkeit), Freilauf mit Abrufen geübt, Theorie

Nachmittag: Gleiches Training wie am Vormittag

....

Donnerstag, 02.03.2023

Vormittag: Hohe und flache Bordsteine, Links und Rechts, Links und Rechts an Bord, Ampel aufsuchen mit Anzeigen, Ein- und Ausgang, Sitzgelegenheit aufsuchen und anzeigen, Menschenmengen umlaufen, Seitenhindernisse, Höhenhindernisse, Anzeigen von Gefahrenstellen geübt, Bindungsübungen, Freilauf mit Abrufen geübt, Fellpflege, Theorie

Nachmittag: Hohe und flache Bordsteine, Links und Rechts, Links und Rechts an Bord, Ampel aufsuchen mit Anzeigen, Ein- und Ausgang, Sitzgelegenheit aufsuchen und anzeigen, Seitenhindernisse, Höhenhindernisse, Anzeigen von Gefahrenstellen geübt, Bindungsübungen, Freilauf mit Abrufen geübt

Freitag, 03.03.2023

Vormittag: Hohe und flache Bordsteine geübt, Links und Rechts, Links und Rechts an Bord, Ein- und Ausgang Geschäft geübt, Treppen aufsuchen und anzeigen, Ampel aufsuchen mit Anzeigen, Hindernisse sowie Anzeigen von Gefahrenstellen geübt, Abgrundverweigerung am Bahngleis, an den Gleisen entlanggelaufen, Freilauf, Bindungsübungen

Nachmittag: Hohe und flache Bordsteine, Links und Rechts, Links und Rechts an Bord, Ampel aufsuchen mit Anzeigen, Ein- und Ausgang, Sitzgelegenheit aufsuchen und anzeigen, Freilauf

Samstag, 04.03.2023

Vormittag: Hohe und flache Bordsteine, Links und Rechts, Links und Rechts an Bord, Ein- und Ausgang, Ablegen ohne Sichtkontakt geübt im Geschäft, Seitenhindernisse, Höhenhindernisse, links- und rechtsseits geübt, Tempowechsel geübt, Ampel aufsuchen mit Anzeigen geübt, Freilauf mit Abrufen geübt, Bindungsübungen

Nachmittag: Gleiches Training wie am Vormittag

Abends: Leinenführigkeit, Spaziergang zum Lösen

Sonntag, 05.03.2023

Morgens: Leinenführigkeit, Spaziergang zum Lösen

Vormittag: Hohe und flache Bordsteine geübt, Links und Rechts, Links und Rechts an Bord, Ampel aufsuchen mit Anzeigen geübt, Bindungsübungen (Sitz, Platz, Leinenführigkeit), Freilauf mit Abrufen geübt, Theorie

Nachmittag: Freilauf mit Abrufen geübt, Bindungsübungen

Abends: Leinenführigkeit, Spaziergang zum Lösen

Montag, 06.03.2023

Morgens: Leinenführigkeit, Spaziergang zum Lösen

Vormittag: Hohe und flache Bordsteine geübt, Links und Rechts, Links und Rechts an Bord, Ein- und Ausgang Geschäft geübt, Treppen aufsuchen und anzeigen, Ampel aufsuchen und anzeigen, Hindernisse sowie Anzeigen von Gefahrenstellen geübt, Abgrundverweigerung am Bahngleis, an den Gleisen entlanggelaufen, Freilauf, Bindungsübungen

Nachmittag: Hohe und flache Bordsteine geübt, Links und Rechts, Links und Rechts an Bord, Ampel aufsuchen mit Anzeigen geübt, Bindungsübungen (Sitz, Platz, Leinenführigkeit), Freilauf mit Abrufen geübt, Theorie

Abends: Leinenführigkeit, Spaziergang zum Lösen

Dienstag, 07.03.2023

Morgens: Leinenführigkeit, Spaziergang

Vormittag: Hohe und flache Bordsteine geübt, Links und Rechts, Links und Rechts an Bord, Ampel aufsuchen mit Anzeigen geübt, Bindungsübungen (Sitz, Platz, Leinenführigkeit), Freilauf mit Abrufen geübt, Theorie

Nachmittag: Gleiches Training wie am Vormittag

Abends: Leinenführigkeit, Spaziergang

Mittwoch, 08.03.2023:

Morgens: Leinenführigkeit, Spaziergang

Vormittag: Hohe und flache Bordsteine geübt, Links und Rechts, Links und Rechts an Bord, Ampel aufsuchen mit Anzeigen geübt, Bindungsübungen (Sitz, Platz, Leinenführigkeit), Freilauf mit Abrufen geübt, Theorie

Stade, 08.03.2023

....	....
Führhundhalter	Führhundschule

Die Gespannprüfung

Die Gespannprüfung schließt die Ausbildung des Blindenführhundes ab. Hier wird nicht nur geprüft, ob der Hund laut Qualitätskriterien ausgebildet worden ist, sondern auch, ob der beeinträchtigte Mensch richtig mit dem Hilfsmittel Blindenführhund umgehen kann. Mit der Gespannprüfung – die eigentlich keine echte Prüfung ist, sondern ein Sachverständigengutachten – werden die Zusammenarbeit des Hund-Mensch-Teams, das sichere Führen in Alltags- und Gefahrensituationen (z. B. Baustellen, Abgrundverweigerung usw.) und das Nutzen der öffentlichen Verkehrsmittel beurteilt. Auch der Freilauf und die Grunderziehung (z. B. Sitz, Platz, Leinenführigkeit, Hundebegegnung) sind ein wichtiger Prüfungsbestandteil. Ein essenzieller Punkt der Prüfung ist auch, ob Hund und Mensch charakterlich zusammenpassen, denn beide werden noch viele Jahre miteinander verbringen dürfen.

Es ergibt sich eine Gesamtbeurteilung hinsichtlich:

1. der Ausbildung (Führleistungen und Grunderziehung) des Hundes
2. der Eignung des Hundes für die Führarbeit
3. der beobachteten Strategien und Kompetenzen des Führhundhalters
4. der Einarbeitung des Halters durch die Führhundschule
5. der Gespannzusammenarbeit

Ziel der Beurteilung

Blindenführhunde sind Hilfsmittel im Sinne § 33 SGBV. Sie sollen einem blinden oder hochgradig sehbeeinträchtigen Menschen eine gefahrlose Orientierung sowohl in vertrauter als auch in fremder Umgebung ermöglichen.

Durch seine Ausbildung ist ein Blindenführhund in der Lage, einer blinden oder hochgradig sehbeeinträchtigten Person eine Orientierung bei der Mobilität innerhalb und außerhalb des Hauses ohne unmittelbare Gefährdung für sich und andere zu gewährleisten. Dabei trifft der Hund keine Entscheidung allein und die letztendliche Verantwortung für eine möglichst gefahrlose Teilnahme am öffentlichen Straßenverkehr liegt bei der blinden oder hochgradig sehbeeinträchtigten Person.

Eine herausragende Eigenschaft eines guten Gespannprüfers ist meiner Meinung nach, dass er stets dafür sorgt, dass bei unbekannten Wegstrecken die Orientierung des Führhundhalters immer vorhanden ist. Und falls nicht, sollte der Gespannprüfer dafür sorgen, dass der Führhundhalter sich reorientieren kann oder das Gespann wieder von einem bekannten Ausgangspunkt starten kann. Das ist auch einer der Hauptgründe dafür, warum der Gespannprüfer an der Planung der Prüfungsstrecke beteiligt sein muss – so werden derartige Fehler, die das Team nur unnötig verunsichern, schon vorab vermieden.

Der Gespannprüfer

Gespannprüfer sind z. B. Rehalehrer für Orientierung und Mobilität (O & M) oder erfahrene Hundetrainer mit Erfahrung im Bereich Rehabilitation Orientierung und Mobilität für Blinde und hochgradig Sehbeeinträchtigte. Folgende Voraussetzungen müssen die Gespannprüfer erfüllen, um in die Gespannprüfer-Liste des DBSV (Deutscher Blinden- und Sehbehindertenverband e. V.) aufgenommen zu werden:

Ein Gespannprüfer darf weder an der Zucht, Aufzucht noch an der Ausbildung von Blindenführhunden beteiligt sein!

- DBSV-Qualifizierung zum Gespannprüfer (Lehrgang 14 Tage, inkl. Prüfung)
- Hospitanz, drei Prüfungen mit einem erfahrenen Gespannprüfer
- Fortbildung vom DBSV spätestens jedes 4. Jahr
- Abgabe einer Selbstverpflichtung zu Unparteilichkeit und Unabhängigkeit

Planung der Gespannprüfung

Der Prüfungstermin wird unter Absprache von Führhundhalter, Gespannprüfer, Krankenkasse und Führhundschule vereinbart. Die Prüfung findet in der Regel am Wohnort des Führhundhalters statt.

Auftraggeber der Gespannprüfung ist in der Regel die Krankenkasse, sofern der Führhundhalter nicht Selbstzahler ist (auch das gibt es, aber selten). Folgende Unterlagen müssen dem Gespannprüfer vor der Prüfung (ich mache das immer ca. eine Woche vorher) vorgelegt werden. Das geschieht per E-Mail.

Angaben zum Hund:

- Kaufvertrag, Ahnentafel, Geburt bis Ausbildung (z. B. Züchter, ggf. Patenfamilien)
- Zuchtname, Rufname, Rasse, Farbe, Geschlecht, Wurftag, Chipnummer, Art der Aufzucht (Züchter, Patenfamilien, Trainer), sonstige Ausbildung des Hundes vor Ankauf der Führhundschule, falls ja, welche (Prüfungsdokumente)

Tierärztliche Unterlagen:

- Kastration mit OP-Datum, Adresse des Tierarztes
- Gesundheitszeugnis vom Tierarzt (Eignung zum Führhund ohne gesundheitliche Einschränkungen) mit Stempel und Unterschrift
- Impfstatus (EU-Heimtierausweis)
- Augenuntersuchung

Angaben zur Führhundschule:

- Kontaktdaten: Institutionskennzeichen, Adresse, Telefonnummer, E-Mail
- Ankauf des Führhundes mit Datum

- Beginn der Ausbildung des Führhundes mit Datum
- Wesenstest (schriftlich)
- Sozialisierung (schriftlich)
- Übergabe des Führhundes mit Zubehör (Führgeschirr, Halsband, Leine usw.) an den Führhundhalter mit Datum

Führhundhalterunterlagen:

- Name, Adresse, Geburtsdatum
- Krankenkasse sowie Versicherungsnummer
- Dokumentation über den Einarbeitungslehrgang (Einschulung): Tage mit Datum, Ort, Stunden und die Unterschrift der Schule sowie des Führhundhalters

Die reine Prüfungszeit beträgt in der Regel ca. 90 Minuten (ohne Verkehrsmittel und Wartezeiten), für das Nachgespräch sind nochmal rund 30 Minuten einzuplanen. Prüfungsort sind Wohnhaus und ggf. Arbeitsstelle des Führhundhalters, (eher sehr selten) an der Führhundschule.

Bei der Prüfung sind anwesend:

- Gespann (Führhund und Führhundhalter)
- Zwei bewertende Gespannprüfer:
    - » Gespannprüfer 1: Erfahrener Hundetrainer/-ausbilder mit Erfahrung im Bereich Rehabilitation Orientierung & Mobilität (O & M) für Blinde und hochgradig Sehbeeinträchtigte
    - » Gespannprüfer 2: Rehalehrer für Orientierung & Mobilität (O & M) bzw. staatlich geprüfte Fachkraft für Blinden- und Sehbehindertenrehabilitation

sowie beratend:

» Vertreter der Blindenselbsthilfeorganisationen auf Bundes- oder Landesebene

» Vertreter der Krankenkassen

„Auf Wunsch des Versicherten ist einer von ihm bekannte Vertrauensperson ebenso wie dem Ausbilder des Blindenführhundes Gelegenheit zu geben, die Prüfung zu beobachten. Die Prüfung selbst darf durch deren Anwesenheit nicht beeinflusst werden." (Auszug aus dem Hilfsmittelverzeichnis Blindenführhunde des GKV-Spitzenverband)

Dass die Prüfung nicht durch die Anwesenheit weiterer Personen beeinflusst werden darf, ist ohne gezieltes zusätzliches Training meiner Erfahrung nach aber eher Wunschdenken! Es beeinflusst ihn sehr wohl, wenn plötzlich mehrere Personen dem Gespann am Prüfungstag folgen. Ich trainiere daher solche Situationen (mehrere Personen folgen uns im Training) immer wieder während der Ausbildung, damit es für den Hund nicht völlig fremd ist, wenn auf einmal eine Völkerwanderung am Prüfungstag stattfindet.

!

Bei der Durchführung der Gespannprüfung darf ich als Ausbildungsstätte (Trainerin) nicht anwesend sein, damit ich keinen Einfluss auf das Prüfungsergebnis nehmen kann. Allerdings kann ich die Prüfung aus dem Auto heraus beobachten oder von bestimmten Punkten aus, wo der von mir ausgebildete Blindenführhund mich nicht wahrnehmen kann, damit ich den Führhundhalter mental unterstützen kann. In der Abschlussbesprechung darf ich als Führhundschule wieder anwesend sein.

Die Bewertung

Ein schönes Beispiel für ein Prüfungsgutachten findest du auf der Website des DBSV (Deutscher Blinden- und Sehbehindertenverband e.V.) unter der Rubrik „Gespannprüfung“, es steht dort als Download zur Verfügung (Stand Sept. 2023). Dort bekommst du eine gute Vorstellung davon, was an Kriterien der Ausbildung erfüllt werden muss.

Zu den jeweiligen Prüfungskriterien ist anzugeben:

Bemerkungen: Verhalten des Führhundhalters / Verhalten des Führhundes / Gespannzusammenarbeit

Sicherheitsrelevante Prüfungskriterien:

Die Bewertung „ungenügend“ führt bei sicherheitsrelevanten Prüfungskriterien (Klasse 1) zum Nichtbestehen der Gespannprüfung.

- Seitenhindernisse / Bodenhindernisse / Höhenhindernisse / Totalabsperrung / Mobile Hindernisse / Engstellen (1)
- Abgrundverweigerung / Entlanggehen am Abgrund oder Bahnsteig (1)
- Bordsteinkanten abwärts (= zur Fahrbahn) / Abgeflachte oder niveaugleiche Bordsteinkanten abwärts (= zur Fahrbahn) (1)
- Straßenüberquerungen (1)
- Straßen ohne Bürgersteig (1)
- Zebrastreifen / Überwege anzeigen (1)
- Treppen aufwärts anzeigen / Treppen abwärts anzeigen (1)
- Begehen von Treppen: aufwärts / Begehen von Treppen: abwärts (1)

- Rolltreppe, Laufband verweigern (1)
- Einsteigen in Verkehrsmittel / Aussteigen aus Verkehrsmittel (1)
- Reaktion auf Menschen (inkl. Kinder) / Menschenansammlungen / andere Tiere / andere Hunde / optische Reize / akustische Reize / geruchliche Reize / Futterreize (1)

Nicht sicherheitsrelevante Prüfungskriterien:

Bei zweifacher Bewertung „ungenügend" bei nicht sicherheitsrelevanten Prüfungskriterien (Klasse 2) hat die Prüfungskommission zu entscheiden. Bei drei- oder mehrfacher Bewertung „ungenügend" ist die Gespannprüfung nicht bestanden.

- Bordsteinkanten aufwärts (= zum Gehweg) / Abgeflachte oder niveaugleiche Bordsteinkanten aufwärts (= zum Gehweg (2)
- Straßen mit Bürgersteig (2)
- Ampelmasten anzeigen (2)
- Anzeigen von Verkehrsmittel (2)
- Führen zum Eingang bzw. Ausgang / Einkauf od. Restaurantbesuch (2)
- Losgehen / Richtungsänderungen / Geschwindigkeitsänderungen / Nachfolgen (2)
- Leinenführigkeit / Sitzen / Liegen / Bleiben / Rückruf (2)
- Selbstständigkeit / Arbeits- und Zugfreude / Belastbarkeit / Konstante Führleistung (2)
- im Freilauf Reaktion auf Menschen (inkl. Kinder) / andere Tiere / andere Hunde / Futterreize (2)

Die Bewertung „ungenügend" bei Prüfungskriterien der Klasse 3 hat keinen Einfluss auf Bestehen oder Nichtbestehen der Gespannprüfung.

- Anzeige Sitzgelegenheiten / Andere Ziele (3)

Gesamturteil:

Prüfung ist bestanden / nicht bestanden, Empfehlungen, Bemerkungen der Schule / des Halters / des Kostenträgers

Gesamturteil, Begründung im Einzelnen:

1. Zusammenfassung der richtungsweisenden Beobachtungen bzgl. der Ausbildung (Führleistungen und Gehorsam) des Hundes

2. Zusammenfassung der richtungsweisenden Beobachtungen bzgl. des Verhaltens des Hundes

3. Zusammenfassung der beobachteten Strategien / Kompetenzen des Führhundhalters: Ist der Führhundhalter in der Lage, entsprechend seinen persönlichen Fähigkeiten und seinen persönlichen Bedürfnissen, den Führhund als sicheres Hilfsmittel zur Fortbewegung im Alltag einzusetzen? (Orientierung und Mobilität (O & M), Einsatz des Langstocks, Einsatz des verbliebenen Sehvermögens. Einschätzung darüber, ob der Halter dem Hund vertraut, sich vom Hund führen lässt, auf dessen Warnhinweise achtet und der Halter dem Hund Freilauf ermöglicht.)

4. Zusammenfassung der Beobachtungen zur Gespannzusammenarbeit und zur Einarbeitung des Führhundhalters durch die Führhundschule. Verwendet der Halter Signale, Hilfen, Lob und Korrekturen situations- und zeitgerecht? Reaktion des Halters bei Abweichen vom gewünschten Weg, Nichtbefolgen einen Signals oder in Situationen, in denen der Hund abgelenkt ist.

Verhaltensregeln für dich als Führhundtrainer während der Gespannprüfung

- *Vertraue dem Gespann.*
- *Das Gespann nicht vor dem Losgehen begrüßen.*
- *Am Prüfungstag nicht beim Führhundhalter im Haus sein, das gilt auch für den Gespannprüfer.*
- *Zeugen von Seiten der Krankenkasse (z. B. Sachbearbeiter, die evtl. erst zur Nachbesprechung dazukommen), freundlich begrüßen und falls gewünscht die Unterlagen (falls noch nicht per E-Mail geschehen) des Führhundes aushändigen.*
- *Unbekannte Wege in Einarbeitung berücksichtigen, wenn der Führhundhalter diese geht, keinen Stress aufbauen.*
- *Führhundhalter vor der Prüfung nicht mental stressen (etwa Hund wegnehmen, Verhalten am Prüfungstag anders als sonst).*
- *Kein Feindbild zu den Prüfern aufbauen, sondern vermitteln, dass die Gespannprüfer wissen, dass sowohl der Führhundhalter als auch der Blindenführhund durch die Prüfungssituation oft unsicher sind und Fehler machen können und auch dürfen.*
- *Gemeinsam zum Ziel: Alles vorab mit Gespannprüfer oder der Krankenkasse besprechen.*

Was darf der Gespannprüfer fordern und was nicht?

Die Führhundschule muss Abstand halten oder sogar fernbleiben (Hintergrund: mögliche Beeinflussung des Gespanns).

Bei der Durchführung der Gespannprüfung ist sicherzustellen, dass weder die beteiligte Ausbildungsstätte noch andere auf das Prüfergebnis Einfluss nehmen können.

Unbekannte Weg können, müssen aber nicht zwingend geprüft werden. Es kommt auch auf den jeweiligen Gespannprüfer an, ob er dies prüfen möchte oder nicht. Jede Prüfung läuft unterschiedlich ab. Es wäre ein zusätzlicher Beweis, dass der Hund auch in fremder Umgebung sein erlerntes Verhalten zeigt, ist aber, so wie ich es erlebt habe, kein Muss. Wenn alle Kriterien vom Hund und Halter gefahrlos und richtig gezeigt worden sind, ist eine Prüfung auch dann bestanden, wenn die fremde Umgebung nicht geprüft worden ist.

Auch der Freilauf kann nicht immer geprüft werden, wenn sich z.B. der Park an einer Schnellstraße befindet (was zu gefährlich ist). Eine Prüfung dauert ca. 90 – 120 Minuten. Wenn ein Halter, wie es oft in den Großstädten der Fall ist, erst mit Bus oder U-Bahn 20 Minuten zu einem Gebiet (Feld, Wald) fahren muss, um dort seinem Hund den Freilauf zu ermöglichen, würde das schon den meisten Teil an Zeit der Prüfung in Anspruch nehmen. Das muss selbstverständlich vorher per Telefon mit dem Gespannprüfer geklärt werden. Es wäre auch wieder ein zusätzlicher Beweis, dass der Führhundhalter in der Lage ist, seinen Hund im Freilauf zu kontrollieren und die Verbindung zu ihm zu halten, auch wenn er nicht an der Leine oder im Führgeschirr ist. Ich hatte bis jetzt eine Prüfung, in der der Freilauf wegen oben genannter Gründe nicht geprüft worden konnte, das wird auch so im Prüfungsbericht vermerkt. Zum Glück gibt es heute dank unserer Technik auch gute Möglichkeiten, den Freilauf des Hundes mit Rückruf des Führhundhalters mittels Videoaufnahme zu beweisen.

Die Gewährleistung / Nachschulung

Nach der erfolgreich bestandenen Gespannprüfung kann je nach Krankenkasse „zur besseren Funktionstauglichkeit des Führhundgespannes“ und „je nach individueller Gespannsituation“ nochmals eine Gespannprüfung abverlangt werden. Dies kann bei Bedarf frühestens nach einem halben Jahr und bis zu zwei Jahre nach der ersten Gespannprüfung stattfinden. Ich hatte diesen Fall schon ein paar Mal – in einem Fall bekam ich sogar erst nach der zweiten bestandenen Gespannprüfung mein volles Honorar ausgezahlt. Das würde ich heute auf keinen Fall mehr so machen! Wenn im Vorfeld aus dem Vertrag mit der Krankenkasse schon ersichtlich ist, dass die Honorarzahlung erst nach eventueller Nachprüfung stattfinden wird, lehne ich die Versorgung ab. Da ist mir das Risiko einfach zu hoch, dass ich mein wohlverdientes Geld von der Krankenkasse erst nach langer Zeit bekomme.

Ich als Blindenführhundschule habe die vertragliche abzusichernde Bereitschaft zur kostenlosen Nachbetreuung/-schulung für den Fall mangelhafter oder nachlassender Führleistung, deren Ursache in der Auswahl des Hundes und / oder der Führhhundausbildung liegt (Gewährleistung) zu erklären. Die Dauer der Gewährleistung ist vertraglich zu vereinbaren.

Nachdem ich meinen Ausbildungshund dem Versicherten (Führhundhalter) übergeben habe, gilt für mich eine Gewährleistungspflicht von zwei Jahren. In dieser Zeit gewährleiste ich als Leistungserbringer (Blindenführhundschule) erforderliche kostenlose Nachschulungen des Führhundes und des Gespanns für den Fall mangelhafter oder nachlassender Führleistungen. Dies gilt auch bei nachlassender Führleistung aufgrund kleinerer Fehler seitens des Führhundhalters.

Für mich ist das Wahnsinn, was wir als Schulen hier leisten müssen! Jeder, der sich mit Hundetraining auskennt, weiß mit Sicherheit, dass sich die Halter, egal ob beeinträchtigt oder sehend, nicht immer an die Vorgaben des Trainers halten. Folglich finde ich es ein starkes Stück – ich gebe einen gut ausgebildeten Hund ab, der die Gespannprüfung 1A absolviert, und dann soll ich, wenn es zu Fehlern kommt, kostenlos nachschulen! Ich bekomme doch auch keine kostenlose Reparatur meines Autos, wenn ich beim Kauf darauf hingewiesen werde, Diesel zu tanken und ich stattdessen Benzin tanke. Dieser Punkt sollte meiner Meinung nach dringend von der GKV überdacht werden, denn das liegt dann in der Verantwortung des Führhundhalters und nicht mehr in meiner bzw. der Führhundschulen. Für mich wäre es sinnvoll, dass der Versichterte (Führhundhalter), die Kosten für die Nachschulung selbst tragen muss, wenn es sich um Fehler auf Seiten des Menschen handelt (und das tut es meistens) und sie nicht äußeren Umständen wie Hundebiss, Unfall usw. anzulasten sind. Vielleicht würde dann mit dem Hilfsmittel Blindenführhund auch wertschätzender umgegangen, denn was nichts kostet, ist leider meistens auch nichts wert. Aber zu diesem Thema mehr im Kapitel 8.

Die Gewährleistung durch mich als Leistungserbringer ist allerdings ausgeschlossen, wenn der Führhundhalter (nachweislich) den Führhund nicht artgerecht hält oder ernährt. Gleiches gilt, wenn die Ursache mangelhafter oder nachlassender Führhundleistungen nicht in der Auswahl des Hundes und / oder in der Führhhundausbildung begründet liegt. Liegt die Ursache der nachlassenden Führhundleistung in groben Fehlern auf Seiten des Gespannführers, sonstiger dritter Personen oder sonstigen Umständen, wie zum Beispiel

- zusätzliche Beeinträchtigungen, Behinderungen oder Verschlechterungen des Gesundheitszustandes des Führhundhalters, die sich auf das Persönlichkeit- oder Krankheitsbild auswirken

- längere Abwesenheit des Führhundhalters infolge Reha- oder Krankenhausaufenthalt

- gravierende Veränderungen im persönlichen Umfeld des Führhundhalters wie Trennung oder Tod des Lebenspartners oder einer nahen Bezugs- und Hilfsperson, Geburt eines Kindes, Wohnortwechsel

- Führhund wird von einem anderen Hund gebissen und muss deshalb nachgeschult (desensibilisiert) werden

trägt in der Regel die Krankenkasse die Kosten der Nachschulung.

Ich möchte hier betonen, dass es sich je nach Krankenkasse anders verhält und sich die meisten Kassen auf die zwei Jahre Gewährleistung beziehen und es sich meist um „kleine" Fehler seitens des Führhundhalters handelt. Es ist schwierig, da die meisten Führhundhalter die Schuld am Hund und an der Schule suchen und nie an sich selbst, und das Gegenteil zu beweisen ist sehr aufwändig.

Es gibt aber auch die andere Seite, dass ein Führhundhalter einen schlecht ausgebildeten Hund bekommt. Dann ist eine Nachschulung völlig berechtigt, aber auch das ist sehr schwierig und verständlicherweise auch sehr frustrierend für den Führhundhalter, denn viele Schulen ziehen sich aus der Verantwortung oder der Führhundhalter ist so enttäuscht von der Schule, dass er nichts mehr mit ihr zu tun haben möchte. Das ist also ein zweischneidiges Schwert und ich kann beide Seiten sehr gut verstehen.

Ich hatte solche Fälle zum Glück noch nicht, denn ich nehme nur Führhundhalterinteressenten oder Führhundhalter an, die die nötige Empathie und das nötige Verständnis für das Tier empfinden, um mit einem Führhund wertschätzend und sachgerecht umgehen zu können. Nicht jeder sehbeeinträchtigte oder blinde Mensch sollte einen Hund bekommen, der nicht solche Voraussetzungen erfüllen kann. Nur so kann ich eine sichere und langfristige Führleistung erbringen und mir die kostenaufwändige zweijährige Gewährleistungspflicht ersparen.

Trotzdem habe ich monatlichen Kontakt zu meinen ehemaligen Ausbildungshunden, denn ich möchte natürlich wissen, wie es dem Team geht und freue mich immer, von ihnen zu hören. Manche Dinge lassen sich auch am Telefon lösen, bevor es überhaupt zu einer Fehlentwicklung kommt.

7. Missbrauch von Assistenzhunden

Dieses Thema liegt mir sehr am Herzen und ich denke es ist an der Zeit, es in ein Buch einzubinden, auch wenn es vermutlich den ein oder anderen triggern mag.

In den letzten Jahren ist der Assistenzhund, so empfinde ich es jedenfalls, zu einem Modetrend geworden: Fast jeder Mensch mit psychischen Belastungen oder körperlichen Beeinträchtigungen braucht einen Assistenzhund. So gesehen bräuchte ich auch einen, denn jeder von uns hat Themen zu bewältigen.

Ich empfinde es aber als tierschutzrelevant, wenn Menschen mit starken psychischen Belastungen, die nicht in der Lage sind, ihren Hund aufgrund ihrer psychischen Erkrankung artgerecht zu versorgen, einen Assistenzhund finanziert bekommen. Ich spreche hier nicht von Futter, Wasser, Pflege oder Freilauf, sondern vielmehr geht es mir hier um die Emotionen des Menschen, die der Hund in der Hochphase der Erkrankung ertragen und aushalten muss. Ein Hund ist weder Psychologe noch Psychiater, Arzt oder Pflegepersonal. Was diesen Hunden hier auferlegt wird, ist für mich weder nachvollziehbar noch artgerecht. Natürlich kann und will ich das nicht verallgemeinern, denn es gibt durchaus sehr empathische Assistenzhundehalter, die auf das Wohl und das Bedürfnis ihres Hundes achten.

Ich sehe eher das Problem darin, dass viele Hund buchstäblich gezwungen werden diesen Job auszuüben, gefragt wird hier nicht. Wie viele Hunde sind zu sensibel, zu unsicher, zu aktiv (aus Sicht des Menschen), zu nervös, um diese anspruchsvolle Aufgabe überhaupt meistern zu können. Die Ansprüche auf Seiten des Menschen werden immer höher und anspruchsvoller, alles soll der Hund lösen, er soll unterstützen, heilen, helfen, emotionalen Beistand leisten, trösten, aus Gefahrensituationen hinausführen, er soll brav, ruhig und gesellschaftsfähig sein, er soll auf die Kinder aufpassen, er soll seinen Menschen nachts aufwecken, falls dieser Alpträume hat und so weiter.

Hier sind ganz klar wir Trainer gefragt – es ist unsere Aufgabe, hier die Entscheidung für das Wohl des Hundes zu treffen. Wenn mir ein Hund schon in der Ausbildung zeigt, dass er dieser Aufgabe nicht gewachsen ist, dann ist es für mich ganz klar, dass er nicht weiter dafür ausgebildet werden darf.

Ich hatte vor einigen Jahren eine Anfrage von einer Organisation für beeinträchtigte Menschen: Ich sollte einen Hund für eine blinde Frau ausbilden, die im Rollstuhl sitzt und zudem noch die Diagnose PTBS (posttraumatische Belastungsstörung) hatte. Ich habe damals abgelehnt, denn mein erster Gedanke war: Was soll dieser Hund noch alles abdecken? Blindenführhund, Rollstuhlbegleithund und dann auch noch die Psyche des Menschen unterstützen, das ist für mich eindeutig zu viel für ein Tier! Wie so oft steht hier nur das Wohl des Menschen im Vordergrund. Was hier der Hund leisten soll, führt für mich zu einer deutlichen körperlichen und psychischen Überforderung.

Außerdem möchte ich auch noch behaupten, dass viele Hunde unter ihren Assistenzhund-Jobs bzw. unter ihren Menschen leiden und dadurch an Körper und Seele krank werden. Das gilt übrigens für einige Hundehalter ohne Beeinträchtigung genauso.

Gerade das Thema Selbstausbildung hinterfrage ich dabei sehr kritisch. Ich möchte hier nicht den Eindruck vermitteln, dass nur wir Trainer in der Lage sind, Assistenzhunde auszubilden, dennoch frage ich mich wirklich: Wie soll zum Beispiel ein Mensch, der ein Trauma erlitten hat, Angst hat, auf die Straße zu gehen oder mit fremden Menschen zu sprechen, unter Panikattacken oder dissoziativen Bewusstseinsstörungen leidet oder, wie ich es oft schon erlebt habe, in einen Zustand gerät, wo die Orientierung völlig verloren geht, einem Hund die nötige Sicherheit in unserer Welt geben, wenn er es für sich selbst nicht schaffen kann? Was hier mit dem Hund passiert, ist für mich mehr als tierschutzrelevant. Hier wird ein Welpe bzw. Junghund schon in seiner Entwicklungsphase völlig falsch geprägt und einem Menschen anvertraut, der selbst oft nicht in der Lage ist, aufgrund seiner psychischen Erkrankung für sich selbst emotional zu sorgen.

Puh, das ist jetzt hart, was ich hier schreibe, oder? Ich möchte niemanden zu nahe treten oder gar verletzen, ich möchte lediglich für die Hunde sprechen – und ich möchte dir etwas von mir erzählen, vielleicht lesen sich die oben geschriebenen Worte milder.

Ich selbst habe eine sehr traumatische Kindheit erfahren sowie eine sehr traumatische Beziehung mit einem Mann. Mir ging es eine zeitlang sehr schlecht und ich war emotional nicht in der Lage, meine Hunde zu trainieren. Ich konnte ihnen weder Sicherheit geben noch konnte ich sie in ihrer Entwicklung fördern, denn meine Hunde spiegelten genau das, was ich fühlte, nämlich Unsicherheit,

Ängstlichkeit und eine unendliche Traurigkeit. In dieser Lebensphase habe ich nicht trainiert.

Und deshalb bin ich so überzeugt davon, dass wir unseren Hunden nichts Gutes tun, wenn wir emotional nicht in der Lage sind, ihnen eine liebevolle Führung und die nötige Sicherheit zu geben. Und das beziehe ich nicht nur auf die Ausbildung eines Assistenzhundes. Hier ist es für mich aber erste Priorität, dass ich mental als Hundehalter und Trainer mit mir im Reinen bin, um dem Hund all meine Stärke, meinen Mut, meine Sicherheit, meine Freude und meine Liebe mit auf den Weg zu geben. Das ist viel wichtiger, als irgendein Signal zu trainieren! Wenn ich einen Hund habe, dem ich solche Eigenschaften mitgeben kann, dann wird aus ihm auch ein zuverlässiger Begleiter, der Menschen im Notfall helfen wird. Und durch diese Stabilität wird er seinem Menschen auch in den dunkelsten Stunden seelischen Beistand leisten können, ohne selbst daran zu zerbrechen.

Ich kann dir unzählige Beispiele nennen, in denen die Selbstausbildung im Blindenführhundwesen total in die Hose gegangen ist und der Hund völlig verhaltensgestört aus der Ausbildung herausgenommen werden musste. Und ja, ich gebe dir Recht, ich selbst muss auch Hunde aus der Ausbildung nehmen, die nicht für den Job als Blindenführhund geeignet sind. Dennoch besitzen sie in den meisten Fällen ein stabiles Grundgerüst und sind emotional in der Lage, im Leben klarzukommen, ohne in Stress oder Angst zu verfallen.

Um einen guten Assistenzhund auszubilden, der seinen Job sicher und zuverlässig ausführen kann, ist für mich mentale Gesundheit gepaart mit meinem Trainingshandwerk mehr als existenziell wichtig.

Ich nenne dir ein Beispiel, das ich erst kürzlich in einem Telefonat mit einem beeinträchtigten Menschen geführt habe. Dieser Mensch war auf der Suche nach einer neuen Führhundschule. Er hatte zuvor einen Welpen bzw. Junghund in Selbstausbildung zur „Umweltgewöhnung" und wurde immer wieder in wöchentlichen Abschnitten von der Trainerin begleitet. Der Halter war völlig überfordert mit der Situation. Er bekam von der Trainerin Hausaufgaben, die er mit seinem Welpen erledigen sollte, dazu gehörte zum Beispiel das Üben bzw. die Gewöhnung an öffentliche Verkehrsmittel sowie Bahnhöfe dazu. Er selbst ist vollblind – jetzt stelle dir mal vor, wie es sich für den Hund anfühlen muss, mit einem Menschen zu laufen, der damit beschäftigt ist, auf sich selbst zu achten (was auch völlig verständlich ist, da es mit Blindenstock an überfüllten Bahnhöfen sehr anstrengend für den Menschen ist). Dieser Mensch konzentriert sich auf seinen Weg, achtet beim Pendeln darauf, Menschen und Koffer zu umlaufen, um im schlimmsten Fall nicht zu stürzen; er ist damit beschäftigt, den richtigen Auf- oder Abgang zur U-Bahn zu finden … Es ist laut, da sind Menschenmassen und vieles mehr. Ich habe das alles schon selbst erlebt, als ich mit einer Dunkelbrille gelaufen bin. Und jetzt soll dieses kleine Hundekind von diesem Menschen in dieser Situation Sicherheit und Stabilität mit auf den Weg bekommen, damit es in Zukunft seinen Menschen sicher führen kann? Nein, in meiner Welt als Blindenführhundtrainerin sage ich eindeutig nein. Hier wird so viel kaputtgemacht, ganz zu schweigen davon, was in solchen Situationen emotional mit dem Hund passiert.

Es gibt mit Sicherheit Einzelfälle, in denen eine Selbstausbildung mit Blindenführhund funktioniert, ich selbst habe es allerdings in zwanzig Jahren nicht erlebt.

Kommen wir nun zurück auf das oben genannte Beispiel. Fakt ist, dass dieser zukünftige Blindenführhund laut Halter Unsicherheit, Ängstlichkeit und eine Leinenaggression gegenüber anderen Hunden zeigte. Er musste also aus der Ausbildung herausgenommen werden. Ich stelle mir nun die Frage: Hätte dieser Hund auch all diese Themen gezeigt, wenn er bei einem Experten ausgebildet worden wäre, und was wurde diesem Hund damit angetan? Ihm wurde ein Leben ohne Stress, Angst und Unsicherheit verwehrt. Was maßen wir Menschen uns nur an! Das macht mich unglaublich traurig.

Auch ich habe schon so viele Entscheidungen in der Vergangenheit getroffen, die nicht zum Wohle des Tieres waren. Ich möchte hier niemanden diskriminieren oder andere schlecht machen, sondern nur aufklären und für die Hunde sprechen, denn leider können sie das nicht. Und liegt es nicht in meiner und deiner Verantwortung, auf diese Tiere zu achten, die Waage zu halten und bewusst für das Tierwohl zu entscheiden? Ich habe so viel gelernt, so viele Teams begleitet, so viele Hunde ausgebildet und selbst so viele Fehler gemacht, dass ich heute voller Gewissheit behaupten kann: Ich bin von Inklusion in der Ausbildung sowie Selbstausbildung, egal ob Welpe oder Junghund, ob Blindenführhund oder Assistenzhund, nicht überzeugt, und glaube, dass dadurch vielen Hunden in ihrer Entwicklung geschadet wird.

Genauso macht es mich traurig, was viele Hunde mitmachen müssen, bevor sie überhaupt in die Ausbildung zum Blindenführhund kommen. Der Hund kommt zur Welt – wenn alles gut geht, hoffentlich bei einem verantwortungsvollen Züchter –, danach kommt er in eine Familie oder zu einem Menschen, wo er großgezogen wird, und das oft nicht zu seinem Vorteil, was seine Entwicklung angeht. Dann wird er aus dem Familienbund herausgerissen und in einen Zwinger (wenn es sich hier um eine im großen Stil betriebene Führhundausbildung handelt) gesteckt, wird anschließend zu einem Tierarzt gefahren mit einem völlig fremden Menschen, zu dem er weder Bindung noch Vertrauen hat, wird in Narkose gelegt, geröntgt und, wenn die Aufnahme keine Diagnose zeigt, kastriert. Er wird stundenweise aus dem Zwinger zum Training geholt und dann wieder sich selbst überlassen. Und letztendlich kommt er nach seiner Ausbildung zu einem beeinträchtigten Menschen. Das ist in meiner Welt Missbrauch! Und wer hier behauptet, das sei alles kein Stress für den Hund, dem glaube ich kein Wort. Ich möchte hier sogar von einem Trauma sprechen, das der Hund durchlebt. Ich bin kein Hund, aber wenn ich mich in dieses Tier hineinfühle, fühle ich mich ängstlich, unsicher, weiß nicht, was mit mir passiert, fühle mich hilflos, ohnmächtig, vermisse meine Familie … kein gutes Gefühl, oder? Und wer hier behauptet, das sei Vermenschlichung, dem sage ich nein – Tiere haben so wie wir Menschen auch eine Seele, eine Psyche und Emotionen, und wir sollten endlich damit anfangen, das zu sehen, damit dieser Missbrauch – egal in welchem Bereich der Tierausbildung – ein Ende hat.

Für mich ist es Missbrauch, mein eigenes Ego über das Tier stärken zu wollen. Wie viele Trainer benutzen ihren Hund als Trainingsgerät oder holen sich über ihn die notwendige Bewunderung von außen und vergessen dabei, auf das Ganze bzw. ihren Hund zu schauen? Meiner Meinung nach sollte jeder Mensch, egal ob beeinträchtigt oder nicht, erst einmal an sich arbeiten, bevor er sich anmaßt, dem Tier irgendetwas beibringen zu wollen.

Ich jedenfalls möchte jeden Tag eine bessere Version meiner selbst werden, ein besserer Trainer werden und meine Tiere so behandeln, wie ich gerne behandelt werden möchte, nämlich liebevoll, wertschätzend und achtsam. Und vor allem möchte ich gerade im Blindenführhundwesen mit gutem Beispiel vorangehen. Das bedeutet sicher nicht, dass ich immer alles richtig mache, dennoch bin ich bemüht und gebe jeden Tag mein Bestes, um etwas Gutes in die Welt zu tragen.

Hier sind alle glücklich – bis auf den Hund! So sollte es bitte nicht sein!

8. Blindenführhundwesen kritisch hinterfragt

Auf dieses Kapitel habe ich mich schon sehr gefreut, denn endlich kann ich mal all das niederschreiben, was mich manchmal demotiviert und oft auch fassungslos macht.

Vorab – ich liebe meinen Job und tue das, was ich tue, aus vollstem Herzen. Dennoch gibt es manchmal Situationen oder Ereignisse, in denen ich denke: „Jetzt höre ich auf damit." Natürlich mache ich das dann nicht, dennoch ist es oft niederschmetternd. Deshalb ist es so wichtig, immer wieder auch kritisch zu hinterfragen. Natürlich kann ich das Rad nicht neu erfinden, aber dennoch gibt es noch viele Punkte, die meiner Meinung nach neu überdacht werden müssen, um die Zukunft des Blindenführhundes nicht zu gefährden.

Zum Beispiel würde ich es als sinnvoll empfinden, wenn die Führhundhalter eine Selbstbeteiligung zu leisten hätten, um das Hilfsmittel Blindenführhund von ihrer Krankenkasse in Anspruch nehmen zu können. Und zwar ganz einfach deshalb: Was nichts kostet, ist nichts wert. Es kann doch nicht sein, dass ein psychisch erkrankter Mensch seinen Assistenzhund selbst zahlen muss oder von Spenden abhängig ist, nur, weil wir seine Erkrankung nicht sehen. Ich habe mich erst kürzlich mit einer Assistenzhundehalterin mit der Diagnose Diabetes unterhalten, die diese Regelung mehr als unfair empfindet. Viele erkrankte Menschen müssen, um einen Assistenzhund zu bekommen, Organisationen anschreiben, ihre ganze Geschichte erzählen, warum und wieso sie diesen Hund brauchen, ihr ganzes Trauma offen darlegen oder sogar einen Kredit aufnehmen, um sich diesen Hund leisten zu können.

Ein Führhundhalter muss in den meisten Fällen ein Rezept vom Augenarzt anfordern, mehr nicht. Selbst für die Kosten, die der Führhund verursacht, ob Tierarzt oder Futter, kommt die Krankenkasse auf. Wenn sich die Führleistung des Hundes nach – der wohl bemerkt *bestandenen* – Gespannprüfung verschlechtert, sei es auch durch Fehler (ohne hier von „Schuld" zu sprechen) des Führhundhalters, übernimmt die Kasse (oder die Schule, da wir in der zweijährigen Gewährleistungspflicht stehen) die Kosten. Das ist für mich Wahnsinn! Warum wird hier mit zweierlei Maß gemessen?

Ich denke, wenn ein Führhundhalter eine Selbstbeteiligung zu tragen hat, wird das Hilfsmittel Blindenführhund mehr geschätzt und auch achtsamer damit umgegangen. Und vor allem wird sich hier die Spreu vom Weizen trennen, denn wer bereit ist, eine Selbstbeteiligung zu zahlen, der weiß auch den Wert dieses großartigen Hilfsmittels zu schätzen. Und auch hier gilt: Mir liegt es fern, zu pauschalisieren! Ich habe im Führhundwesen schon so viel gesehen und erlebt, dass ich mit guten Gewissen diese Zeilen schreiben kann. Denn auch unter den Hundehaltern gibt es solche und solche, und bei den Führhundhaltern ist das nicht anders.

Vor allem würden nicht mehr so viele Gelder unnütz von der Krankenkasse fließen müssen.

Im Folgenden möchte ich dir ein Beispiel erzählen, das, so gebe ich zu, zu den größten Fehlern in meiner Laufbahn als Blindenführhundtrainerin gehörte. Dennoch möchte ich es mit dir teilen, damit du (auch und besonders, wenn du Führhundhalter sein solltest) verstehen kannst, warum ich manche Dinge so sehe.

Vor einigen Jahren bat mich eine Trainerkollegin, die ich über soziale Plattformen und Seminare kannte, eine Blindenführhund für ihren Bekannten auszubilden. Mir war der Führhundhalter bekannt, zwar nicht persönlich, aber durch Erzählungen von Kollegen. Was soll ich sagen, damals überwog noch mein Ego, und obwohl ich viel Negatives über diesen Halter gehört hatte und mir mein Bauchgefühl eigentlich schon mitteilte, dass das hier keine gute Sache sei, sagte ich trotzdem zu. Denn ich war so davon überzeugt, dass ich das hinkriegen würde und ich die großartige Trainerin sein würde, die gefeiert wird. Nun, es kam alles ganz anders.

Ich vereinbarte also einen Termin mit der Trainerin und dem Führhundhalter. Zu diesem Zeitpunkt befand sich der Führhundhalter gerade in der Einarbeitungszeit mit einem Hund, den er auch dabeihatte. Mit meinem heutigen Bewusstsein hätte ich andere Entscheidungen getroffen und Rücksprache mit der Schule gehalten oder im besten Fall die Finger davongelassen. In meiner Wahrnehmung und Erinnerung ging es in diesem Gespräch bzw. Termin darum, andere Schulen schlecht zu machen und diesen Hund schlecht zu machen, es wurde sogar behauptet, der Hund sei krank und die Schule würde einen kranken Hund abgeben. Der Führhundhalter stellte es so dar, dass er das Opfer all dieser Schulen sei, denn das war nicht sein erster Hund – ich kann dir gar nicht mehr sagen, der wievielte es war, aber es waren schon einige Hunde, die er von der Krankenkasse gezahlt bekommen hatte und die er wohlgemerkt auch zurück (an die Schule) gegeben hatte mit der Begründung, sie seien alle schlecht ausgebildet und krank gewesen. Der Führhundhalter beschloss also, sich von diesem Hund zu trennen und an die Schule zurückzugeben, um einen neuen Führhund von mir zu bekommen.

Ich fing also an, einen Hund für ihn auszubilden. Dieser Hund bestand auch die gesundheitlichen Anforderungen für einen angehenden Blindenführhund, war also frei von HD und ED sowie Augenerkrankungen, auch die Wirbelsäule und Gelenke waren laut tierärztlichem Gutachten völlig in Ordnung. Der Hund hatte während der ganzen Ausbildungszeit, als er bei mir war, keinerlei Auffälligkeiten, was seine Gesundheit anging.

Es kam also zur Einarbeitung und ich beschloss, eine komplette Wohnorteinschulung mit Pausen zu machen, sprich der Führhundhalter ist zwischen den Trainingstagen mit mir auch eine zeitlang allein, um mit dem Hund zusammenzuwachsen. In dieser Zeit also, als der Hund mit dem Halter allein war, fing der Hund an, ins Haus zu machen und sich zu übergeben. Der Halter war in dieser Zeit fast täglich beim Tierarzt und ich bekam jeden Tag Sprachnachrichten, der Hund sei krank. Es kam noch schlimmer – der Hund hätte etwas an der Wirbelsäule und würde auf einmal humpeln. Mir war klar, dass hier ganz anderen Themen zu bewältigen waren, die weder ich noch der Hund lösen konnten. Ich beschloss also, den Hund zurückzuholen, denn ich lasse mir meine Hunde weder körperlich noch psychisch kaputtmachen, nur weil der Mensch seine eigene Thematik nicht anschauen möchte und diese auf den Hund projiziert. Und hier bin ich voll bei mir – ich allein hatte die Verantwortung dafür, und das war ganz klar mein Fehler, und nicht die des Führhundhalters.

Zuhause ging ich sofort mit meinem Hund zum Tierarzt, um mir Klarheit zu verschaffen: Der Hund war völlig gesund, also ohne Diagnose. Es stellte sich nach Rücksprache der Krankenkasse heraus, dass ich nicht die erste Schule war, der es so erging. Ich und auch die anderen Führhundschulen sollten dazu Stellung nehmen. Ich schilderte es so, wie es in meiner Wahrnehmung war und betonte auch, dass ich dem Führhundhalter für die Zukunft alles Gute wünsche und ihm nicht schaden wolle.

Die befreundete Trainerin des Führhundhalters machte mich übrigens in der Führhundszene überall schlecht. Damit kann ich leben und darüberstehen, schade nur, dass hier nicht einmal nachgefragt worden ist, wie es denn wirklich war. Fakt ist, dass ich für meinen Hund entschieden habe, weiteren emotionalen Missbrauch an ihm zu vermeiden, denn dieser Hund zeigte enorme Stresssymptome. Ich vermute, es kam dadurch, dass der Hund sich in diesem emotionalen Umfeld des Halters nicht wohl gefühlt hat und dadurch psychisch wie körperlich krank wurde. Ich stehe nach wie vor zu meiner Entscheidung. In meiner Welt kann es einfach nicht sein, dass immer nur an den armen Blinden gedacht wird – und der Hund? Wer spricht denn für den Hund, wenn nicht du oder ich als Trainer?

Was ich damit sagen möchte: Ich denke, wenn ein Führhundhalter selbst einen finanziellen Beitrag für das Hilfsmittel Blindenführhund leisten müsste, würde nicht so gleichgültig damit umgegangen – nach dem Motto „funktioniert" der Hund nicht, kommt er halt zurück und ich beantrage einen neuen.

Ebenso halte ich es für mehr als sinnvoll, dass Führhundhalter einen Sachkundenachweis vorlegen müssten, um einen Blindenführhund von der Krankenkasse genehmigt zu bekommen. Wie schon erwähnt, finde ich es nicht gerechtfertigt, dass wir Blindenführhundtrainer immer mehr Auflagen erfüllen müssen, um Hunde für beeinträchtigte Menschen ausbilden zu dürfen und die Führhundhalter gar nichts dazu beitragen bzw. vorweisen müssen. Es handelt sich hier schließlich für die Krankenkasse um ein sehr kostspieliges Hilfsmittel. Ich kann noch so einen gut ausgebildeten Hund abgeben, doch wenn der Führhundhalter nicht die nötige Sachkunde und Empathie besitzt, nützt das alles nichts, denn irgendwann ist mein Training bzw. das erlernte Verhalten des Hundes aufgebraucht, wenn der Führhundhalter nicht in der Lage ist, weiterhin mit dem Hund nach dem Gesetz der Lerntheorie zu trainieren. Ich verwende hier das Wort „trainieren" bewusst, denn jeder Hundehalter ist auch Trainer, und was ein Blindenführhund in der heutigen Welt leisten muss und was von ihm erwartet wird, grenzt für mich an ein Wunder und ist nicht selbstverständlich. Und hier ist auch das Zeitfenster der Einarbeitung bei weitem nicht ausreichend, um dem zukünftigen Führhundhalter die Lerntheorie beizubringen, denn ich bin überwiegend mit der Praxis beschäftigt. Außerdem – was sollen wir Trainer denn noch alles leisten? Das steht für mich nicht in Relation zu dem, was ich tatsächlich für meine Leistung bekomme. Irgendwo ist auch eine Grenze. Ich bin gerne dazu bereit, einen Sachkundenachweis für Blindenfürhundhalter zu erstellen und mit auf den Weg zu bringen, allerdings müssen sich auch die Krankenkassen mit einbringen und vor allem die Führhundhalter.

Ich finde, es sollte jeder zukünftige Führhundhalter zumindest eine Fortbildung in Training mit positiver Verstärkung belegen und vorweisen müssen. Damit wäre dem Führhundwesen insgesamt und vor allem den Hunden sehr geholfen.

Da es schließlich immer zwei Seiten der Medaille gibt, kommen wir nun zu uns Trainern. Seit 2020 gibt es die Präqualifizierung für Blindenfürhundschulen. Die Idee ist, dass sich die Qualität der Ausbildung verbessern soll bzw. die Qualität der Blindenführhunde gewährleistet wird. Gut gemeint, allerdings behaupte ich, dass damit die Qualität genauso wenig gewährleistet ist wie vorher. Ich habe jetzt schon die zweite Präqualifizierung hinter mir und mich hat niemand gefragt oder geprüft, wie ich denn eine Abgrundverweigerung trainiere oder wie ich überhaupt trainiere.

Für mich bedeutet Qualität im Blindenführhundwesen mehr, als Dokumente hochzuladen, um zu bestätigen, dass ich nach der klassischen oder operanten Konditionierung trainiere oder ich versichere, dass ich nicht strafbasierend ausbilde. Sind wir doch mal ehrlich, das kann doch jeder sagen und unterschreiben. Und ich frage mich auch: Ist ein Trainer, der schon einige Jahre Blindenführhunde ausbildet und mindestens zwei erfolgreich bestandene Gepannprüfungen vorweisen kann, ein besserer Trainer als jemand, der dies nicht kann? Es gibt so viele gute und in meinen Augen bessere Trainer da draußen, die Lust darauf haben, Blindenführhunde auszubilden und die nötige Expertise dazu mitbringen. Nur können sie das leider nicht, da die meisten keine Präqualifizierung besitzen oder keine Führhundschule finden, mit der sie zusammenarbeiten können, um ihre Präqualifizierung zu erlangen.

Ich kenne viele Kollegen, die aufgrund der Präqualifizierung aufgehört haben, weil die Anforderungen an uns Blindenführhundtrainer immer höher werden. Es rechnet sich für viele nicht mehr, da der Aufwand einfach zu groß dafür ist, dass wir unseren Verdienst erst nach der bestanden Gespannprüfung erhalten.

Und da kommen wir zum nächsten Punkt, der für mich dringend geändert werden muss: Bis ich für meine Leistung bezahlt werde, dauert es, wenn alles gut geht, bis zu zwei Jahre. Sprich, ich bekomme erst mein Geld von der Krankenkasse, wenn mein Hund die Gespannprüfung bestanden hat. In diesen zwei Jahren muss ich als Trainer alle Kosten, die der Hund verursacht, selbst tragen! Ich fände eine Abschlagzahlung seitens der Kassen mehr als gerechtfertigt und denke, durch diese Änderung würde eine bessere Ausbildungsqualität der Hunde gewährleistet werden. So stünde der Trainer nicht mehr unter diesem enormen Druck, dass der Hund so schnell wie möglich fertig werden muss, damit er sein Geld bekommt.

Auch das Thema Gewährleistung hinterfrage ich sehr kritisch. Hierzu nenne ich ein Beispiel, was für mich gut passt. Wenn ich ein Auto kaufe und mich der Verkäufer darauf hinweist, dass ich nur Diesel tanken darf, ich aber trotzdem Benzin tanke, kann ich doch auch nicht von dem Verkäufer verlangen, mein Auto kostenlos zu reparieren oder gar ein neues auf seine Kosten verlangen. Wieso muss ich dann als Trainer die nächsten zwei Jahre die Gewährleistung übernehmen, wenn mein Ausbildungshund die Gespannprüfung bestanden hat? Ich gebe einen gut ausgebildeten Hund ab, und wenn sich der Führhundhalter nicht an die Anweisungen bzw. den richtigen Umgang mit dem Hund hält, muss ich nachschulen? Das ist nicht in Ordnung! Und auch deshalb empfinde ich es mehr als sinnvoll, hier eine Sachkundenachweis als Pflicht für die Führhundhalter zu beantragen, um solche Fehlentwicklungen zu vermeiden.

Wir Trainer müssen schon so viel leisten, in Vorkasse gehen, Verantwortung tragen, alles wird von uns und unseren Hunden abverlangt. Es ist an der Zeit, dass auch mal die Seite der Führhundhalter tätig wird, um das Blindenführhundwesen zu verbessern. Es liegt nämlich nicht nur immer nur alles an uns Führhundschulen.

Und um das Ganze hier etwas abzuschwächen: Ich weiß, dass es auch viele Schulen gibt, die weder fair mit dem Hund noch fair mit dem Führhundhalter umgehen. Das ist mir auch bewusst und vielen Führhundhaltern wird hier Unrecht getan.

Es ist noch viel zu tun, und ich mache mir oft darüber Gedanken, wie wir es besser machen können. Viel wäre schon gewonnen, wenn jeder von uns einen kleinen Teil beitragen und sein Ego mal hintenanstellen würde. Auch das allgegenwärtige Konkurrenzdenken ist vollkommen überflüssig, denn es ist genug für

Erfahrungsbericht einer Führhundhalterin

Im Sommer 2019 habe ich einen Blindenführhund bei meiner Krankenkasse beantragt und mich bewusst für die Blindenführhundschule mit Herz entschieden, da ich schon mehrere Hunde (durch Führhundhalter) von Verena kannte und auch wusste, dass sie über positive Verstärkung ausbildet, was mir sehr wichtig war. Als nach langwierigem Warten endlich feststand, dass ich einen Blindenführhund von meiner Krankenkasse genehmigt bekomme, stieg meine Vorfreude auf meinen zukünftigen Begleiter von Tag zu Tag mehr.

Im März 2023 war es endlich so weit und die Einarbeitung mit meinem zukünftigen Blindenführhund ging los. Ich fuhr 10 Tage an den Ort meiner Führhundschule, um Gustl kennenzulernen. Als ich das erste Mal mit Gustl im Führgeschirr lief, war ich sehr nervös und hatte Sorge, ob ich mich wirklich auf ihn verlassen kann. Aber das schlug sehr schnell in Freude und Vertrauen um, weil Gustl so sicher, selbstbewusst und souverän mit mir lief. Das hätte ich nie für möglich gehalten, obwohl ich in fremder Umgebung war und Verena mir die Wege vorgab, war ich viel sicherer und schneller als mit Stock unterwegs. Die Zeit der Einarbeitung habe ich als sehr schön empfunden, ich hatte viel Freude und habe viel über den Umgang mit Hunden gelernt und darüber, was wichtig bei der Führarbeit ist.

Das Training mit Gustl hat mir sehr viel Spaß gemacht, auch wenn ich an meine Grenzen gestoßen bin, da die Umstellung von Stock auf Hund auch sehr anstrengend war. Ich musste viel mehr laufen als sonst und mich auch mehr konzentrieren, was es ein ganz neues Gefühl war.

alle da. Wir können gemeinsam, und damit meine ich alle, die im Führhundwesen tätig sind, Trainer, Führhundhalter, Gespannprüfer, Sacharbeiter der Krankenkasse, Medizinischer Dienst, Rehalehrer, Hundefachleute usw. Großes erreichen, um dieses großartige Hilfsmittel Blindenführhund am Leben zu erhalten.

Dann ging es bei mir zuhause weiter, dort haben wir meine Wege geübt und auch den Weg für die Gespannprüfung. Orientierungspunkte, die mir mit Stock vertraut waren, fielen plötzlich weg, da ich ja jetzt Gustl hatte, das waren z. B. Gebäudewände, an denen ich mich mit Pendeln meines Stockes orientiert hatte, oder auch Schilder, die ich mit Stock angepeilt hatte, um zu wissen, dass ich dort abbiegen muss. Dadurch lernte ich meine Umgebung anders kennen und musste mich mehr auf meine anderen Sinne konzentrieren (Hören, Riechen).

Ein großer Vorteil ist, dass ich mit Hund schneller unterwegs bin, Gustl mich vor Gefahrensituationen (z. B. Baustelle) durch Anzeigen schützt und warnt, was mit Stock undenkbar wäre. Gustl umläuft Stühle von Cafés, Austellungsregale oder Kleiderständer von Geschäften, die in der Fußgängerzone stehen und an denen ich mit Stock hängenbleiben würde, er umläuft Menschen, die ich sonst auch mit dem Stock mitnehmen würde. Und auch das Kopfsteinpflaster, was mit Stock eine Katastrophe ist, da ich dort immer wieder mit dem Stock steckenbleibe, gehört der Vergangenheit an.

Für mich ist Gustl unersetzbar, nicht nur als Hilfsmittel, sondern auch als Freund, Familienmitglied und Wegbegleiter. Seitdem ich Gustl habe, ist mein Alltag strukturierter, ich komme viel mehr raus und unter Leute. Ich fühle mich unabhängiger und selbständiger. Missen möchte ich Gustl nie wieder.

Jacky mit Gustl

Anhang

Empfehlenswerte Literatur:

Zu positiver Verstärkung allgemein:

- Dr. Viviane Theby, Verstärker verstehen
- Simon Prins, Das Pavlov-Projekt

Zum Schreiben von Trainingsplänen:

- Susanne Schmitt, Hundetraining mit Konzept

Zur Aufzucht und Sozialisation von Welpen:

- Viviane Theby, Das Kosmos-Welpenbuch.
- Chrissi Schranz, Nur Mut!

Bezugsquelle für 3D-Geschirr:

- www.3dbenefit.de

Danksagung

Ich kann gar nicht in Worte fassen, wie dankbar ich über „Blindes Vertrauen“ bin. Dieses Buch bedeutet mir so viel, es ist mein ganz besonderes Herzensprojekt, das ich schon so viele Jahre in mir getragen habe. Endlich darf es die Welt erblicken!

Deshalb möchte ich mich zuerst bei der lieben Gisela Rau und dem Kynos Verlag bedanken, ohne euch wäre das gar nicht möglich geworden. Und Gisela, vielen Dank für deine Geduld.

Natürlich wäre das Buch nie entstanden, wenn ich nicht all diese Erfahrungen ins Sachen Blindenführhundtraining hätte machen dürfen, worüber ich durchaus dankbar bin.

Danke an Wolfgang Seitle, dass ich so viel von dir lernen durfte und so viele Hunde ausbilden durfte, um sie dann mit ihrem blinden Menschen zusammenzuführen.

Danke, Viviane Theby, für all deine Weisheiten, die mich im Leben so wie in meinem Training um Meilen nach vorne gebracht haben.

Danke an Michaela Hares und Lisa Peitz für eure Ruhe, die ihr mir immer wieder im Training vermittelt habt, für euer offenes Ohr und natürlich danke für Nils, der ein großartiger Assistenzhund geworden ist.

Danke, Jutta Heibel, für deine Unterstützung in jeglicher Art und deine tollen Hunde.

Danke an Nadine Wachtmeister, ohne dich hätten wir jetzt nicht so ein geniales Führgeschirr.

Danke an Ositha Pögler, Maira Eckervogt, Anja Augustin und Kira Meister, für euren Einsatz.

Danke an Michael Kleis, Steffi Grath und Bernhard Hug, dass ich euch immer anrufen durfte, wenn ich Fragen zum Thema Gespannprüfung oder Mobilitätstraining hatte.

Danke an die wundervolle Laura Minucci, für deine schönen Fotos.

Und last but not least gilt meine tiefste Dankbarkeit all meinen Hunden und den Führhundhaltern da draußen! Ich durfte so viel von euch lernen – für mich, mein Training, mein Leben. Für mich seid ihr die wahren Lehrer.

Danke!

Verena Weig

Über die Autorin

Verena Weig bildet seit fast 20 Jahren Blindenführhunde aus. Nach langjähriger Tätigkeit in einer renommierten Führhundschule machte sie sich mit ihrer Hundeschule und Blindenführhundschule „mit Herz" selbständig. Sie ist *Top Trainerin der Tierakademie Scheuerhof und bildet sich ständig sowohl im Hundetraining als auch im Coaching der Hundehalter weiter. Sie ist Referentin für den Blindenbund Hamburg, bildet Blindenführhundtrainer aus und ist Life Trust Coach. Mit ihrem Labrador Balu und ihrem Pferd Ginger lebt sie in Süddeutschland.

Das könnte Sie auch interessieren:

Dr. Viviane Theby

Verstärker verstehen

Über den Einsatz von Belohnung im Hundetraining

Belohnen ist weit mehr als nur gelegentlich Leckerchen geben: Im richtigen Belohnen steckt ein riesiges Potenzial, um das Training von Hunden effektiver zu gestalten und gewünschte Verhaltensweisen felsenfest zu verankern.

Die erfolgreiche Tiertrainerin Viviane Theby erklärt auf solider wissenschaftlicher Grundlage aktueller Lerntheorie, warum richtige Belohnungen so machtvolle Verstärker von Verhalten sind, worin der Unterschied zwischen primären und sekundären Verstärkern besteht, warum das exakte Timing entscheidend ist und was es mit Belohnungskriterien und Belohnungsraten auf sich hat.

Damit Sie die Verstärker nicht nur verstehen, sondern auch anwenden kšnnen, bietet das Buch zahlreiche Praxisübungen zur Verfeinerung Ihrer eigenen Technik. Denn: Training ist ein Handwerk, das man lernen kann.

Hier steht, wie es geht.

Flexicover, 192 Seiten, farbig
ISBN 978-3-95464-301-1

Dr. Viviane Theby

Schlüsselmomente

Tiertraining als Lebensphilosophie

Tiertraining ist ein Handwerk, das man lernen kann, und eine Technik, die man üben muss. So weit, so gut.

Dennoch hört es bei der Beherrschung der Technik allein nicht auf: Ein guter Tiertrainer braucht auch „Soft Skills", die ihm helfen, im Hier und Jetzt zu sein, bei sich zu sein, authentisch zu sein, sich selbst zu hinterfragen – alles Dinge, die uns nicht nur beim Trainieren von Tieren helfen, sondern die unsere gesamte Persönlichkeit zum Besseren verändern.

„Willst du das Verhalten deines Tieres ändern, musst du dein eigenes Verhalten ändern", ist ein Leitsatz von Bob Bailey, den auch die Autorin Dr. Viviane Theby gern und oft in ihren Büchern, Unterrichtsstunden und Seminaren zitiert. Über die Jahre reifte dabei in ihr die Erkenntnis, dass man ihn genauso gut auch umwandeln kann in: „Willst du dein Leben ändern, musst du dein eigenes Verhalten ändern."

Diese Erkenntnis war für sie ein Schlüsselmoment, dem viele weitere folgten. Dass es zum Beispiel weder hilfreich ist, den Hund von gestern zu trainieren noch ständig über die Probleme von gestern zu sinnieren.

In diesem kostbaren Buch teilt sie diese Schlüsselmomente – für so manches Aha-Erlebnis, eine neue Perspektive auf das Tiertraining und einen Umgang mit sich selbst und anderen, egal, ob zwei- oder vierbeinig, der sich einfach stimmig anfühlt und auf allen Ebenen zu positiven Veränderungen führen wird.

Flexicover, 152 Seiten, farbig
ISBN 978-3-95464-300-4

Simon Prins

Das Pavlov-Projekt

Ein Diensthundeausbilder berichtet

Als der Autor zu Beginn der 1990er Jahre in eine Diensthundestaffel der niederländischen Polizei eintrat, beruhte die Ausbildung noch auf Unterwerfung und Strafe – wie fast überall zu dieser Zeit und in dieser Szene. Als er mit der Aufgabe betraut wurde, Hunde für eine neu gegründete Spezialeinheit auszubilden, in der die Hunde selbständig über große Entfernungen und außer Sichtweite der Hundeführer agieren sollten, war schnell klar, dass dies mit den herkömmlichen Methoden nicht zu machen war: Es war die Geburtsstunde des „Pavlov-Projekts", der Einführung der operanten Konditionierung in die Welt der Diensthundeausbildung.

Jahrelang reiste Simon Prins um den Globus, um von den Besten zu lernen und wurde dabei insbesondere von Bob Bailey beeinflusst, den er als seinen geistigen Mentor bezeichnet. In diesem Buch hat er seine ganz persönliche Reise in die spannende Welt der Verhaltens- und Lernforschung festgehalten und lässt den Leser an seinen Erfahrungen und Erkenntnissen teilhaben, zu denen vorübergehende Fehlschläge ebenso gehörten wie großartige Erfolge.

Mitreißend und für jeden verständlich erklärt er die Grundprinzipien und Gesetze eines modernen, auf wissenschaftlichen Fakten beruhenden Hundetrainings, mit dem praktisch alles möglich ist.

Warum operante Konditionierung weit mehr ist als „Kekse werfen", was beim Einsatz von Verstärkern alles zu beachten ist, welche Fallstricke sich uns beim Training in den Weg legen können, warum Datensammeln so wichtig ist und wie es um die innere Einstellung und Motivation des Trainers bestellt sein muss, erfahren Sie in diesem spannenden Buch, das Theorie und Praxis überzeugend zusammenbringt.

Hardcover, 392 Seiten, farbig
ISBN 978-3-95464-257-1